United Nations
Educational, Scientific and
Cultural Organization

City of Gastronomy
Designated UNESCO
Creative City in 2014

指导单位：佛山市顺德区文化广电旅游体育局

厨荟萃

顺德

顺德区厨师协会　主编

编著

世界图书出版公司

广州·上海·西安·北京

图书在版编目（CIP）数据

厨坛荟萃：顺德 / 佛山市顺德区厨师协会主编；李健明编著 . —
广州：世界图书出版广东有限公司，2021.11
　　ISBN 978-7-5192-9052-8

　　Ⅰ . ①厨…　Ⅱ . ①佛…②李…　Ⅲ . ①饮食－文化－顺德区
Ⅳ . ①TS971.202.654

中国版本图书馆CIP数据核字（2021）第 215601 号

书　　　名　厨坛荟萃·顺德
　　　　　　CHUTAN HUICUI · SHUNDE

主　　编　佛山市顺德区厨师协会
编　　著　李健明
责任编辑　程　静
装帧设计　书窗设计
责任技编　刘上锦
出版发行　世界图书出版有限公司 世界图书出版广东有限公司
地　　址　广州市新港西路大江冲25号
邮　　编　510300
电　　话　020-84453623　84184026
网　　址　http://www.gdst.com.cn
邮　　箱　wpc_gdst@163.com
经　　销　各地新华书店
印　　刷　广州市迪桦彩印有限公司
开　　本　787mm×1 092mm　1/16
印　　张　16.25
字　　数　285千字
版　　次　2021年11月第1版　2021年11月第1次印刷
国际书号　ISBN 978-7-5192-9052-8
定　　价　68.00元

《厨坛荟萃·顺德》编委会

指导单位 ｜ 佛山市顺德区文化广电旅游体育局

主　　编 ｜ 佛山市顺德区厨师协会

编　　著 ｜ 李健明

编　　委 ｜ 麦伟豪　连庚明　王福坚　胡洁敏

封面题字 ｜ 梁季明

摄　　影 ｜ 梁文生　梁永源

特别鸣谢 ｜ 顺德区档案馆　佛山市顺德区历史文化研究会

前 言

一

　　一座城市给人们最美好的记忆，莫过于胜景、名人、佳肴。能融合胜景与名人，令其灵动活泼且充满人间烟火气色者，是佳肴。

　　佳肴往往成为人们快速进入一座陌生城市的别致切入口。在举箸品尝后，人们更愿将胜景、名人与佳肴相提并论、反复回味，纳入记忆，正如万里长城与北京烤鸭、上海城隍庙与灌汤包、龙门石窟与洛阳水席。

　　民以食为天。

　　因此，人们对一座城市最直接、最先入为主的了解，不是抽象历史与缥缈传说，而是通过口舌品味的佳肴。佳肴以色、香、味、意、形，妙夺人心，再经品嚼与感知、讨论与赞叹，成为人们的第一印象，难以抹却。

二

　　如果说一座城市是一道流动的盛宴，那么盛宴的主角不仅是大快朵颐的宾客，还有幕后挥刀抛镬、精烹细焖的大厨。

　　正是他们，通过一道菜，指引宾客对物料、味道、文化、历史与自我产生更深入的认识和理解；亦是他们，让宾客通过一种味道，永久记住一座城市。

　　因此，

　　认识一座城市历史的厚重，从景点开始。

　　认识一座城市文化的精彩，从名人开始。

　　认识一座城市精神的多样，从美食开始。

　　认识一座城市滋味的神妙，从厨师开始。

三

　　南宋以来，桑园围水利工程日渐完善，顺德人沿堤坝形成密集的村庄与繁盛的圩市。他们挖塘养鱼，种桑养蚕，田基培芋薯，沙滩捞蚬蟹。

"松阴抽野菜，竹叶脍江鳞。"

千年传承，乡民渐也厨艺娴熟，妙手成肴，家里佳肴渐成村里名菜、乡中品牌。出类拔萃者更因一身好厨艺，行走乡中，声名远播。

近代以来，顺德名厨不仅扎根乡村，更走向海内外，成为顺德美食最忠实的践行者与举旗人。

几十年间，大批名厨从国内外名店中脱颖而出，成为粤菜重要掌门人与传播者。

近年来，随着顺德各界对美食的深挖与有效推广，顺德名厨成为人们理解顺德美食和走进这座城市的导赏员。

尤其是纪录片《寻味顺德》播出后，人们不仅对顺德美食和这座城市深感兴趣，更渴望走进这批仍活跃在粤菜天地各路名家的内心，全方位感受顺德这座世界美食之都的精彩与斑斓。

于是，在佛山市顺德区文化广电旅游体育局（以下简称"顺德区文广旅体局"）的倡议和佛山市顺德区厨师协会的支持下，《厨坛荟萃·顺德》顺利诞生。

四

我们逐一采访分布在广州、顺德的当代名厨，记录他们的厨艺经历与对美食制作、人生价值、社会意义的思考，以期通过他们低调的人生与卓越的成就，去展现当代名厨的风采，为世人留下一份珍贵而鲜活的文化记忆，让后人通过这些记录和他们的思考，去深度理解顺德饮食历史及其背后的深沉博大、精彩纷呈。

五

在采访名厨的同时，感于昔日大批绝世名菜因岁月久深、时代沉浮而逐渐凋零模糊，我们邀请当代名厨对一批失传名菜进行系统梳理，以求存真留神、发扬光大；更精选当代创新菜肴进行介绍，并将当代名厨对顺德美食不遗余力推广的历史细加编辑，以期新旧融合、古今相映、动静交融，编写出一本名厨、名菜、历史及当代文化活动相荟萃的顺德饮食读本，为顺德美食文化与饮食产业奉献微薄力量。

目 录

第一章

味求极致　道法自然

——顺德饮食文化的渊源与厨师的发展

　　顺德美食史是顺德历史的清晰倒影，顺德名厨成长史是顺德文化的隐性注脚。

　　自古以来，顺德人通过双手和舌尖，不断积累对自然、物料、味道、内心、自我的感知与理解。

　　几百年间，顺德人在创造经济奇迹的同时，也用味觉缔造出一个美味王国。

　　近代以来，积财渐富的人们利用丰富、鲜美的食材，令顺德渐成全民皆厨的饮食风气。劳作余暇，顺德人烹鱼蒸虾，炒菜焖禽，三五知己，把酒问天。每位顺德人，都是涉猎天下美味的探险家。

　　他们借由舌尖，通过思想，去探索味道的新天地，去感知物料在一年四季、晨昏午昼的微妙变化，更调整佐料配菜与火候水分的增减多寡，去达致味道的清和淡甘，令齿颊生香，三月难忘。其中的科学精神与执着意志，几乎将所有的顺德人都锤炼得随时可操铲揸锅，引火烹肴，且目送手挥，心得自具。

　　因此，即使是同一条鱼，每家都能做出不同味道，每家都能说出自家味道的精妙与神奇。天长日久，这片鱼虾满涌的土地孕育出大批家里说一不二的掌勺、乡间名播远近的大厨与名店千金难求的主厨。他们烹制出属于这片土地的味道，更追求着内心一直神往的滋味。

　　这种滋味，改变了人们对味道的认识，深化了宾客对世界的认知，调整了饕餮对人生价值的理解。同时，正是这种滋味，引导宾客们珍惜当下，期待未来，更令他们对厨师们充满感恩。因为，正是每天躬身后厨抛镬切菜的厨师，让他们真切感受到生活的甘甜与人生的美味，更让天下人体味到顺德滋味的微妙细腻，博大精深。

第一节 从飞土逐肉到追求极致

约3500年前，顺德先民在龙江麻祖岗留下陶罐碎片、石刀、石斧，可知他们曾在这里捕鱼捞蚬，飞土逐肉。清蒸河鲜与烤炙奔兽相融合的饮食文化雏形就在他们每天的凫水与追逐、引火与烹制中逐渐形成。

2000多年前，顺德人在勒流富裕、龙眼，杏坛逢简，陈村庄头留下鱼罾、贝丘、鱼钩，黑熊头骨、梅花鹿头角、水牛遗骸、青鱼与土鳖骨骼，成为此地温和气候与物产多样的重要证据。当时的人们，延续着河鲜与猛兽的烹制，可谓浓肥清淡俱全。不过，鼎、簋、豆、匜等中原与饮食相关的器皿的出土，可推断北方正统饮食文化与礼仪随烹制用品在南方逐渐落户生根，成为顺德饮食历史的重要源头。

■ 千百年来，人们就是用这种方式捕捞鱼虾（顺德区档案馆供图）

■ 顺德人使用陶甑蒸饭的历史可追溯至东汉。这种来自中原的饮食器皿对顺德饮食文化与烹饪技术产生深远影响（顺德区博物馆供图）

同时，温酒樽、卮、壶等的发现，亦能佐证当时大米略有盈余。

温酒樽的出土，特别值得大书一笔。

此"温"并非加温或保温，而是"醖"，即"反复重酿多次的酒"。此酿制法源自中原。秦汉时期，北方军队南下，将此古老酿酒法带到珠三角。这些北方将领从初春开始反复酿酒，以求味醇酒香，重复多达九次，中秋方成。他们以重酿旨酒告慰先祖，也举杯对饮，抚慰漂泊内心。北方饮食文化在秦汉时期就渗透进偏僻的陈村西淋山、勒流富裕村，顺德饮食历史的源远流长与南北融合，可窥斑见豹。

如今，在顺德30多公里以外的广州南越王博物馆，我们可看到西汉充满北方色彩的乳猪烧烤炉具，折射典型楚国文化与散发中原气息的铜鼎、酒器，可以想象当时烹牛宰羊、烤猪烧肉、觥筹交错的欢乐场景，而作为如今顺德一带的越人首领，南越丞相吕嘉的家族及其门生又将越人嗜食海鲜、煎蒸禽鸟的美食传统传入宫中。因此，我们在博物馆内也可看到青

■ 如今人们钟爱的乳猪，早在2000多年前就流行于南越王的皇宫中

■ 西汉时期珠三角一带使用的姜礤，其形制竟与今天顺德人使用的几乎一致

鱼、鲤鱼、龟鳖、贝壳、家鸡、禾花雀等残骸化石，禁不住遥想当年宫廷内高官大臣们举箸尝鱼、剥壳啜螺、大啖禾花雀的欢快景象。

可以想象，当年的皇宫后厨内，高大、魁梧的北方厨师与干瘦、矮小的南方大厨同台献技，浓烈的肉香与清淡的鱼香汇成令人炫目的美味。无法用语言沟通的他们，只好以味道去破解对方的饮食与文化密码，天长日久，相互融合，逐渐形成以烧烤与河鲜为主体的越式饮食风格雏形。

不过，在喧闹忙碌中，总有一群人在默然低首擦榨姜汁。他们当年手中那硕大的铁制姜礤，如今静放展馆中。经过2000多年岁月冲刷，无声却淋漓尽致地折射出南方制作姜蓉的悠久历史与人们对佐汁味道的极致追求。更让人惊叹的是，如今顺德人使用的姜礤除却规模较小外，形制竟与汉武帝时期的几无差异。

前人技术的先进与构思的精妙，后人的传承与因循，于此可见一斑。同时，我们也可得知嗜食河鲜的顺德人借助土姜去腥增鲜、去寒取阳的饮食历史从这里翻开清晰的第一页。

第二节　南北美食混融

——

唐代，人们或群居山中，或散聚河畔，采摘鲜果与捕鱼捞虾并行，渐成果实与河鲜交融的饮食结构。如今，人们仍在庭院种植龙眼、荔枝、黄皮、番石榴，实是当年古风遗存。

宋代，人们从山上搬到河边，挖塘养鱼，以供一家食用。人们惊喜地发现，物尽其用的塘鱼是他们感知天下美味的一把钥匙，也为日后顺德饮食埋下精彩伏笔。

■ 人们挖塘养鱼，以供一家食用，为日后顺德人精烹河鲜奠定基础（顺德区档案馆供图）

■ 顺德人春节必备的煎堆，源头就在中原

　　随着中原移民的增多，进入主流的士大夫与大量草根形成官家精致的北方美食与劳动大众粗糙、随意的地方食风。他们通过修筑堤坝、结盟联婚、认祖归宗等各种交集，渐入融汇，迸溅出南北融合后的特殊滋味。

　　千年前的南北饮食文化，经过几百年的接受、融合、创新，至今大多仍存乡间，如春节的"角仔"之于饺子、"煎堆"之于煎馇、"云吞"之于馄饨，皆为北方读音的岭南土话转换。人们不仅将其技法完好保存，更按需求化作根深叶茂的地方美食。春节前后，人们制作角仔、煎堆供奉先祖，实是铭怀那段充满曲折的南迁历程与无法分割的文化血脉。

　　此外，顺德人如今司空见惯的烹制技法——瀹、炸、馈、馏等皆源自中原，且多可追溯到汉代。即使是顺德人最拿手的煲仔饭，也是周代八珍之一的"淳熬"，只是顺德人将皇宫中的精致铜制器皿改为粗糙却保温极佳的粗陶，更从正襟危坐的举箸雍容中走向端起碗把自如走动的地方饮食。

　　因此，北方饮食血脉早已流进顺德人的蒸炸煎炖中，更对人们在选择食材、磨砺技艺、认知物性、理解人生上产生深刻而久远的影响。

二

南宋后期，顺德陈村人区仕衡北上京城，在西湖畔品尝天下闻名的宋嫂鱼羹，挥笔写下"湖头双桨藕花新，五嫂鱼羹曲院春"的清丽佳句，成为顺德美食史第一道文献。

它虽非本地佳肴记载，却反映出顺德人对美食的追求与江南美味的深远影响。现代作家俞平伯说："西湖鱼羹之美，口碑流传已千年矣。"

顺德乡间一直有拆鱼羹、鱼茸羹，不知它与宋嫂鱼羹是否有千里伏线的隐性脉络？不过，顺德女子常常一个下午将自己埋在时间深处，更埋进剔尽鱼刺、拆去鱼肉的活计中，细火慢烹，制作成家中小孩、长辈放心啖食、易于消化的鱼糜，其中的温情与细腻，充满寻常人家的淡静烟火色，折射出顺德菜"妙在家常"的文化神韵。

宋末，大宋天朝在新会覆灭，大批御厨逃难各方。他们将宫廷中的烧鹅制作手法带到民间。因而，其选材、用料、制作技巧都大为讲究，隐隐显示出与众不同的王者风范。

■ 南宋顺德诗人区仕衡在西湖畔写下的这首诗歌，成为顺德美食历史文献的开始

第三节　美味从鱼开始

一

　　顺德建县后，人们在塘中混养草鲩、鳙鱼、鲮鱼、鲢鱼。朝夕相对，他们对塘鱼的属性、部位、性情、味道烂熟于胸，更创造出不同季节的最佳味道，"春鳊秋鲤夏三鳘，冷鲚热鲈冬至鳝"，这是他们精确把握不同鱼种美味时分的秘传口诀。其实，他们才是大自然最聪慧而淡定的收获者与欣赏者。"鲮鱼鼻，蛤乸大髀，鳊鱼拖沙鲩鱼尾"，这是他们经过千百年积累下来的美食秘籍。他们将烹调妙法延伸到虾蟹蚌蚬身上，逐渐演绎出以河鲜为核心的顺德饮食历史；"野芋山姜杂土薯，田螺坦蚬软虾菹"，更衍生出腊月廿四谢灶鲤、除夕鲮鱼迕米瓮、新春放生鲤鱼、元宵耍鱼灯、平时鱼腩孝敬长辈等围绕塘鱼的民间风俗。

■ 河鲜的精神血脉融进顺德人的精神深处，对他们的思想与行为影响深远

千年间，河鲜已沁入顺德人的文化肌理中，构成精湛厨艺与内在精神的融合。"荻芽短短桃花飞，鳜鱼上水鲥鱼肥。鲙鱼烧笋醉明月，蛮歌唱和声咿咿。"顺德人更从各种河鲜中获得深沉的生活智慧与跳跃的哲学灵感，如鲮鱼的机敏、草鲩的勇猛、鲫鱼的文静、鳙鱼的厚朴、鲤鱼的温和，逐渐塑造出顺德厨师外朴内敏、低调精进的文化性格。

因此，深得塘鱼精髓的顺德厨师，淡静独立，往来无拘，却沉潜自励，砥砺不怠，似无人知晓，却日精月进，常蓄势待发，一遇机缘，跃塘远去，畅游江河，纵观天下，更联袂共进，奋跳龙门，一飞冲天，更上层楼。

二

明代，北方的鱼生风俗逐渐衰落，而从宋代开始不断南迁、定居顺德的移民，却将这种远古时代的制脍食风完好保存。顺德人更通过仍细细律动的鱼肉和冰鲜清嫩的质感，去展现他们对生命的特殊敬畏与对获取另一种生命形态的热切渴求。

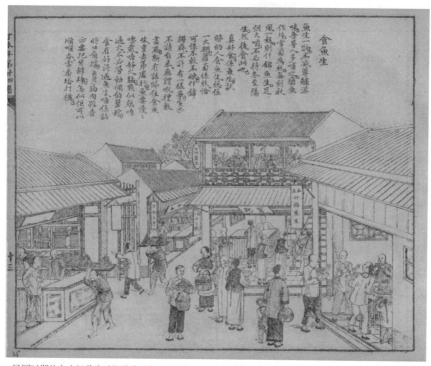

■ 民国时期的杂志记载当时顺德人吃鱼生的风俗

■ 鱼生是顺德人对本味的极致追求，也是他们敬畏生命的特别方式

"南人顿顿食鱼生"，正是当时乡间民众的真实写照。

平时，文人雅士邀请挚友品尝鱼生，往往是早早就驰书一封，文辞舒雅，盛情邀约，获邀者大喜注心，满心欣悦地等待日子的到来。他们往往撑小舟一叶，在明净的江上静静地品尝那雪白的鱼生与淡甜的米酒，再欣赏无边江景，感受无尽清风。

那是他们对自己生命的最大回馈，也是知己间最纯粹的交流。他们话语不多，只是举箸细品、举杯畅饮、赏景沉吟。相别后，他们常寄诗一首，回忆当时一切的美好，期待下次相聚的来临。

鱼生于顺德人远非口舌快意，是对友情、美景、佳肴、时光的打量与抚慰，更是对生命的珍视与理解。因此，顺德人在冬至日品尝鱼生。究其原因，是冬至一阳生，唼吃鱼生，实是远古时代人们通过食物去摄取其生命力的古俗遗存。

自然，久负盛名的鱼生大厨正是他们聚会畅饮的重点。只见他霜刀飞舞，去骨切片，轻快准确，点到即止，一气呵成。不一会儿，"玉屑荐冰盘，银丝绕棘匕"，大家拍掌称快，纷纷举箸品尝。这些鱼生高手，往往成为村中最令人倾慕的厨艺名家，常常被纳入高官和富商家中成为固定私厨，逐渐成为与草根大厨并行共进的另一源头——家宴掌勺。

三

清咸丰九年（1859），均安上村人李文田高中探花。后来，他北上京华赴任。春秋假日，他让家厨为同僚制作鱼生。薄胜蝉翼、清嫩润腴的南方佳肴，不仅令翁同龢、李鸿章等名臣大加赞赏，后因名传宫中，慈禧太后也下令要品尝一番。夹起一片鱼生细嚼后，慈禧太后顿觉颊齿生香，吃惯熟食大菜的她惊喜地感受到一种微妙的生命力融入体中，她不禁颔首微笑，口中吐出一个"好"字，随后，更欣然恩赐"味道之腴"四字以赏其妙。

后来，李文田回祖母家仓门，侍奉祖母欧阳氏。作为名闻天下的大书法家，他不仅为祖母家族欧阳梅庄公祠堂题写"绍德堂"中堂匾额，更特意在匾额右上方镌刻"味道之腴"印章，以示承恩与荣耀。如今，"绍德堂"匾额右侧仍见鲜红印章，均安鱼生也因李文田而名传至今。

鱼生故事背后，是几千年来顺德人对鱼肉制作精益求精的经验积累，也是私房菜名家与草根大厨的分流点。

不过，此时的厨师大多没有名字，民间只流传着他们神奇的厨艺与充满草根气息的绰号。他们如乡间货郎，游走各处。因为，即使技艺再高超，他们也只是主子的仆人或乡间随叫随到的厨师，他们仍需依靠大户人家或寄身小店，去维持卑微的生活与平凡的梦想。

■ 绍德堂右侧仍镌刻着的"味道之腴"叙说着顺德人妙制鱼生的历史

第四节　厨神满乡村

清乾隆年间开始，随着经济的繁盛与海外贸易的交流，大批顺德人行商南北，货运港澳。他们将天下美食滋味带回家中，更摘下门前沙葛红薯，拔出屋后葱姜蒜芥，连同刚刚从涌中捞出来，满身滴水、蹦跳不已的虾蟹鱼鳝共冶一炉，热气腾腾摆满桌，灯光下映照着他们无法掩饰的笑脸。

"草草杯盘共笑语，昏昏灯火话平生。"

这些平时行走乡间的巧思妙想者，总能殚精竭虑地将寻常物料化作桌上佳肴，更在反复琢磨与交流中，锤炼成见解深刻、观点独特的草根厨神。

他们平时深藏不露，静坐一角，看朋友们熙来攘去，呼朋唤友，偶尔按捺不住，一声不吭地折入后厨，操刀掂锅，剁鱼炒菜。挚友们还在谈笑间，他就献出一桌色香味全、闻所未闻的饭菜；大家举箸细品，菜品往往惊艳满场。今天成为经典顺德菜的苦瓜焖三鲹、黑皮冬瓜盅、钵仔焗禾虫、炒水蛇春等，便是他们当年起于田头基边，化腐朽为神奇的桌上妙品。

"本是寻常窗前月，才有梅花便不同"，正是他们的巧思妙想与物尽其用，令民间草根在漫长而沉闷的农耕岁月中常得口腹愉悦，而他们也获口碑相传，成为乡间与达官贵人、状元探花、豪商巨贾隐隐相提并论的不凡人物。

因此，风俗所染，即使是目不识丁的农妇，她们酿的鲮鱼，刀法干净、精确，鱼肉嫩鲜、润滑，配料恰到好处，与名店大厨相比毫不逊色。她们全心全意去为家人奉献出自己的智慧、温情与巧思。

天长日久，大量乡间经验的积累与人皆为厨的氛围，使顺德成为大厨诞生的丰盛沃土。

第五节　私房菜的诞生

一

清朝中期，顺德进入桑基鱼塘鼎盛时期，积财渐富的人们开始寻觅各种美食制作妙法。"子姜鱼作脍，藤菜蚬为羹。"

一批官宦或富商外出多带私厨同行，在品尝各方美食的同时，更拈笔记录，融合出新。

清嘉庆年间，举人温汝能在北方第一次品尝到绵软、松脆的大白菜，他忍不住为美味清甜的它们写下"芽卷真胜雪，心美乍经霜"的淡雅诗句，更不忘留下"野畦风露味，行客实先尝"的嘉言。

清末进士温承悌曾为官京华。回乡后，还念念不忘当年京城的佳肴，写下一批美食诗歌，其中就有北京烧鸭"细嫩柔甘饼，尝新色倍鲜。楼高

■ 清代学者温承悌从北京回到家乡顺德，仍念念不忘京华美食，分别作诗记录，可见顺德文化精英对北方饮食的深刻印象

登百尺，一味索千钱"。从中，可了解到100多年前薄饼包裹鸭片的食俗与昂贵的费用。此外，鹿肉、黄羊肉、膏蟹、野鸡、银鱼及精致的吴地佳肴、北方面条都让他大开眼界，无法忘怀。

回到家乡后，温承悌将信步庭院的悠闲雅致放到一烹一调、一盏一羹中，更将走南闯北时残留舌尖的美好记忆连同自小在家中品尝到的佳肴风韵相融，与同是见惯南北风味、深谙主人食嗜的大厨或丫鬟一起对菜品探研切磋，指点归纳，然后细尝屡改，使之成型定名。

二

春秋佳日，主人家诚邀三五知己登堂入室，散坐闲聊。茶尚半温，炉烟渐直，家人早已款款捧出精雅素淡、散发着家庭滋味的碟碟小菜。于是，主宾举箸彬彬，把盏频频，偶尔推窗远眺，让微风吹拂那鬓角青丝，在相视微笑中去品味别出心裁的人间美味，以及精致生活中那份波澜不惊的优雅与散淡。

■ 顺德私房菜在水木清华的庭院与悠闲、精致的生活中诞生

或许正因了这份优雅与散淡，顺德人才琢磨出"火腿酿银芽""水鱼三吃""酿夜香花"这些出人意表但又在情理之中的精肴雅馔。而这些本来是寻常的水陆物料，经他们诗意的点拨和友善的传颂，在曲廊回径的笑声和红牙檀板的传唱中，与水木清华的庭院、静穆幽深的祠堂、水墨淋漓的丹青及传唱久远的诗歌成为人们内心深处无法抹去的一道文化记忆。它们更如春深夜雨无声地浸润着这片静谧的土地，等待那嫩芽再吐、杂花生树的清晨。

三

民间食家与名店大厨在品肴赏茗余暇，疑义相析，共同商议，将他们尝尽天下美食的心得与烹炒剁切的妙思连同对昔日美好时光的深情回忆结合起来，五味三材，九沸九变，将那静藏物料深处的自然灵性与原始风味妙手引出，于是"鲈鱼新购得，羹伴笋芽肥"，"新绿矮瓜红苋菜，桥头春馔荐鲟鳇"。而私房菜那目送手挥和割不正不食的养生妙法更与人们对生活的雅致追求冥然契合。

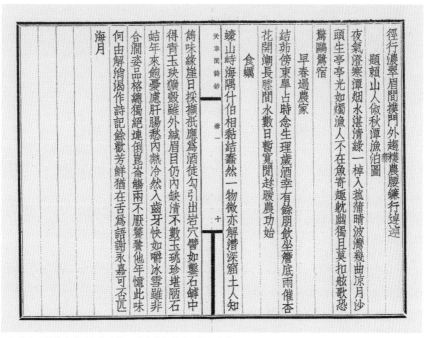

■ 文人雅士将美食感受化作诗篇，成为人们精烹细做私房菜的指引

岁月流深，私房菜渐从昔日深如碧海的豪门大宅走进寻常人家，让民间智慧燧石去点燃那古老但仍充满着澎湃活力的饮食文化火把，让毕剥作响的火花在日渐燎原之势中去承传、梳理、弘扬这一深植民间的饮食文化精髓。

私房菜随大户人家、烹饪高手、嘉宾饕餮的探讨与完善，成为顺德美食的重要源头，而私厨也身价自增，声名远播。不过，他们即使技艺再超群，也只侍奉主人一家。他们如远处闪烁的繁星，散落在众多大户人家厨房最深处，日作夜思，晨昏磨砺，在顺德经济繁盛的清末，将顺德美食夜空映照得分外璀璨夺目。

第六节　女性亮色　家庭况味

一

清末和民国时期，顺德厨师逐渐名声显著。不过，他们虽然名噪一时，但仍不时强调家中外婆、祖母、母亲、姐妹的深刻影响。因为，即使顺德美食再精彩，也需为她们写上浓墨重彩的一笔。

昔日顺德乡村女子撑艇卖鱼，飞刀切脍；她们更隐身庖厨，摘菜切瓜，烹鱼焖鸡。"退潮断堰分蚝女，过雨横沙捞蚬儿。"

这些出身贫寒的女子，自小便帮助母亲、姐姐浇菜灌园，深知三餐不易，更从母亲的言传身教中承传简朴精致、不伤物性、尊重食物、守时循候的美德。因而，即使切菜剁肉、煲汤煮饭，她们也秉承物尽其用、料竭其材的饮食原则。纵然一把青菜、几撮小豆，她们都分门别类，投置在最能发挥效用的程序中，形成俭以修身、静以养德的内涵。

布裙荆钗的她们，娴静柔朴，如仲夏清晨静静散发着淡素清香的一束姜花，更妙手巧烹出淡雅清新、脱俗出尘的乡间美食，这与中国传统文化所倡导的美德不谋而合。

因而，粗料精制成为大众推崇的顺德美食风格，幕后的推手正是大批默默无闻却温婉有劲的顺德女子。她们不求闻达，只要家和人健，三餐粗安，便心满意足。因此，她们将一腔柔情融入一煲浓汤中；把苦瓜酿鱼肉放在笊篱下，使它绵软、甘甜，让家中老小入口安顺。

因此，佳肴背后，是顺德女子温静的身影与淡净的微笑。

20世纪30年代，大批顺德女孩子远赴东南亚，进入大户人家。她们将顺德佳肴技法与南洋物产和调料相融合，通过巧思妙手，点石成金，制作出散发着家庭温馨气息的佳肴，成为名噪一时的"妈姐菜"。她们是顺德名厨中温婉谦和却实力非凡的劲旅。

扫码观看专访视频

■ 这些素衫黑裤的自梳女，将顺德女性对美食的精致制作与清淡风味深化
  提升，创造东南亚风行久远的妈姐菜，深刻影响着顺德美食的风格

■ 寻常物产，经顺德女子精心妙烹，总能化腐朽为神奇

　　顺德此地，深受佛道影响。乡中女子，素来对食材敬畏有加。她们将蔬果素食引入餐中，以求味淡气薄，抑心火、降浊气、远疾病、引智慧。此外，她们食材求鲜，以存生气，更食不求饱、菜不奢靡，渐成顺德菜清淡简朴、冲和素净的内在品格。

　　"芥叶微甘天雨霜，银丝无数雪鲇肠。笑他城市烦煎寄，鲜食何因似水乡。"

　　她们以温雅、坚忍、简朴去维系素来不见丰奢的普通家庭的小康，构成顺德美食质朴、乡野、温婉、内秀的微妙特征，使人们更钟情于那种充满母亲和姐妹气息的寻常佳肴。因此，人们从一羹一调中品尝到家的令人泪落的味道。

　　顺德厨师正是从充满母亲与姐妹气息的家出发，令宾客从寻常菜肴中获得儿时记忆、青葱岁月的活跃气息、奋进年代的蓬勃朝气和晚年岁月的静好。

二

　　清末和民国时期，是顺德美食融入北方官府菜的成长阶段。大厨们在吸取北方官府菜长处的同时，隐隐坚守顺德菜的简朴与高妙，两者融合，妙不可言。

　　清末大臣黎兆棠的私厨后进入李鸿章府中，他以寻常鸭子作主菜，附以冬菇、发菜，使鸭子味鲜柔嫩，令李鸿章赞不绝口。

　　在奢靡成风、日费千金的清末，顺德厨师坚守顺德菜家常本味与乡土神髓，也可见顺德佳肴的质朴与沉实。"煮升白米粗粘饭，摘碗青藤嫩黄瓜。满满一碗开口蚬，弯弯几只带须虾。"这一风格实源自顺德水乡深处物料的丰富与人们追求口舌快意，不重铺排外饰与用料奢华的饮食风格，这种源自母亲、姐妹的制作风格引导他们以巧思与妙法物尽其用，出奇创新，尤其是食材的丰富与交流的广泛，令顺德厨师不断走出家乡，融合天下厨法，渐成风格。

　　清朝灭亡后，束缚厨师身份的制度逐渐消失，厨师以自由的个体进入大小饭店食肆，不再专属一家，而是面对大众的市场需求，使得他们的思维与制作更贴近民众口味。于是，他们开始从主人家中走出来，搭建属于自己梦想中的美食天地。

■ 在乡间，塘鱼成为人们最常见的食材，也为乡民成为大厨提供源源不断的原材料（顺德区档案馆供图）

第七节　名厨崛起

在私厨走向广州、上海、北京、天津的同时，草根大厨仍然将乡间大地堂、祠堂、庭院、河边化作他们操练技艺与走向成熟的巨大舞台。

顺德乡村深处的饮灯酒、生菜会、新春大席、寿婚宴、龙船饭、入伙酒、敬老宴等超100桌的大型乡间盛宴，是乡间厨师经营生计与打造名声的难逢机缘，更锤炼出他们独具风格的烹调技艺，锻炼出他们成熟的管理沟通、财务筹算、物流调配、接待客人等能力。

他们大多从孤军作战的乡间"到会"（即上门烹饪）开始，逐渐招兵买马，结盟组队，再分工合作，运筹帷幄，更磨砺多年，渐成乡间名厨。从最底层一路稳打稳扎的他们，既能垒石作灶、精挑物料、掌勺挥刀，又可号令团队、科学配合、远悦近来。

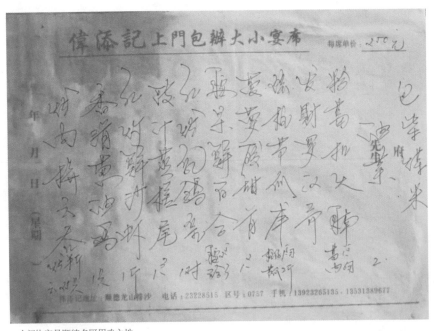

■ 乡间饮宴是顺德名厨用武之地

一身多用的他们，成为顺德近现代饮食产业转型的中流砥柱。

因此，他们不仅是拥有响亮绰号的乡间大厨，更是指挥若定的饮食实业统帅。百炼成钢后，他们逐渐走出厨师埋头切菜、躬身掌勺的传统道路，成为将寻常无奇的家乡美味制作得香飘四方，引得往来宾客大宴必点名菜的饮食传播者。

出身寒素、刻苦自励的他们，虚心上进，转益多师，兼容并包，味融南北，最终从厨房走向大堂，开始名厨与掌柜兼任的新历程。

于是，在顺德经济走向多元化发展的民国时期，顺德名厨也开始分流为乡间大厨、酒店掌勺与名店管理高层。

随着交通的便利与经济的融合，顺德名厨开始落脚佛山、广州、香港、澳门、上海、北京、天津和世界各地。他们吸取西方饮食材料与技法，融合南北美食精粹，为生计的经营与顺德美食的承传、完善、弘扬不遗余力，成为顺德饮食从近代走向当代的重要力量。

顺德大良人梁澄川在香港经营富隆、武彝茶楼，创办如意茶楼、富隆茶楼、禄元居茶楼、西营盘美南茶楼；更首开香港女服务员作茶楼侍应风气，令茶楼生意激增，成为香港的"茶楼大王"。

早年在大良桥珠酒家出任大厨的冯满，后服务于香港山光饭店、娱乐酒家、龙记饭店。抗日战争期间，他辗转各地，以烹饪为生。20世纪50年代初，他师徒几人在香港开设凤城酒家，专心经营"到会"服务，更以正宗顺德菜在名流间声闻远近。几十年间，凤城酒家发展为香港著名的顺德菜酒家，而冯氏族人更成为坚守与传播顺德菜的践行者。

顺德名厨成功地从乡间大厨转向名店管理高层，从美味经营走向品牌打造，成为顺德美食文化的有力推动者与顺德经济的得力促进者。

第八节　当代辉煌

一

中华人民共和国成立后，一批厨师进入南北名店。他们转益多师，巧手慧心，推陈出新，味达深心，更因长期工作稳定，从而磨剑十年，水滴石穿，渐也脱颖而出，如上海锦江饭店主厨萧良初、北京饭店特一级主厨康辉、广州大三元酒店一级点心师麦锡、广州北园酒家总厨黎和、广州泮溪酒家主厨林壤明、联合国总部专职厨师康志辉、广州华侨大厦主厨冯佐师、广州爱群大厦总厨胡三、广州泮溪酒家特一级烧卤师杨海等。

他们皆从顺德出发，融合天下美味，不仅赢得国家领导人的赞赏，更深得各国宾客推崇。对地方菜的坚守与深挖，成为他们进入当代美食高峰的妙法；而充满人性温情的妙在家常，正是他们征服所有宾客的核心。

这批名厨成为国内饮食行业的管理高层，为中国饮食的发展奉献出独特的智慧与深远的贡献。

■ 不断举行的各种竞赛，成为顺德名厨诞生的摇篮（顺德区档案馆供图）

温祈福曾为广州酒家企业集团有限公司董事长、中国烹饪协会副会长、世界中国烹饪联合会监事会副主任，更获过全国优秀企业家金球奖、全国"五一劳动奖章"，为全国劳动模范。

■ 顺德第一位拥有个人传记的名厨温祈福，折射出顺德名厨对社会的深远贡献

北园酒店特一级厨师黎和，曾主编《中国菜谱（广东卷）》，令粤菜名垂史册，名播华夏。

林壤明曾任广州市泮溪酒家行政总厨，不仅是1996年第二届中国烹饪世界大赛评委，更在全国第三届烹饪大赛获得金牌，且多次作为中国烹饪代表团成员参加国际大赛。尤其是他提出"顾客点制"的经营模式与推行"厨师编号"制度，实行菜肴质量跟踪管理，成为餐饮经营科学性的有力探索。

他们还精心培养大批烹饪英才，成为粤菜后劲十足、青出于蓝的有力后盾。

二

大批扎根本地的顺德名厨，坚守地方特色，融合中外妙法，让天下宾客都能从顺德菜中品尝到岭南饮食文化，更从岭南饮食文化中领悟中华文

■ 顺德名厨积极推介顺德美食

明从未中断的绵长脉络，如中国烹饪大师罗福南、谭永强、龙仲滔、连庚明等，深耕顺德地方美食，致力推广顺德美食文化，成为顺德饮食产业与文化的中坚，更为传统粤菜精华的呵护与承传立下汗马功劳。

不少顺德人走向全国和世界各地，设立名店，如北京的顺峰山庄、美国的冯不记、南非的同乐饭店、澳大利亚的顺德味道等，他们将凤城厨师的品牌通过精工巧做、匠心慧悟不断弘扬，更将顺德美食地图延伸到全球各处。

世界各地的粤菜餐厅大多以"顺德名厨主理""凤城小炒"作招牌，吸引四方食客，而"凤城名厨"更是世界各地公认的粤菜品牌，几乎凡是聘用顺德厨师的食店，必顾客盈门。顺德名厨的低调为人、精心做事、味求极致，以及道法自然的纯粹与高远，成为顺德饮食的文化精神与产业核心。

2004年，顺德获"中国厨师之乡"称号，成为国内继河南长垣县之后的第二个厨师之乡。

2010年，顺德获"中国美食名城"称号。

2014年，联合国教科文组织授予顺德世界"美食之都"称号，成为中国继成都之后第二个获得如此殊荣的地区，而政府的推动与顺德名厨的幕后贡献，功不可没。

■ 顺德获得"中国厨师之乡"称号　　　　■ 顺德获得"中国美食名城"称号

三

（一）

如今，中国共有五个世界美食之都：成都、顺德、扬州、澳门、淮安。

千百年来，五地名厨，各擅胜场，将山川美味、水乡鲜味、江湖滋味、中外韵味、人间意味，融为一体，造就出名扬天下的世界美食重地。

（二）

成都为西南重镇，都江堰带来交错河网，孕育丰饶物产，成就天府之国。河鲜与山珍、名士与豪客，千年融合，造就川菜源头。夫妻肺片、麻辣豆腐、担担面、龙抄手，名扬天下。成都美食清鲜醇浓、麻辣辛香，一菜一味，个性分明，如狂歌走笔的李太白。

■ 成都美食（李清华　摄）

■ 扬州文思豆腐（李清华 摄）

　　扬州乃长江与京杭大运河交汇之处。南甜与北咸、雅士与文豪，缔造舌尖清娱。狮子头、文思豆腐、蟹黄包，引得美食家流连忘返。扬州美食清雅素净、冲淡平和、委婉舒雅，如闲庭信步的王维，引得天下饕餮烟花三月下扬州。

　　淮安坐落在古淮河与京杭大运河交点，为九省通衢。北方咸浓、南方鲜脆，兼容并蓄，共冶一炉。文楼汤包、平桥豆腐、软兜长鱼，将寻常生活彻底诗意化。淮安佳肴融合南北，大道至简、味淡意长、波澜不惊，如折柳江畔的孟浩然。

　　扬州、淮安、镇江汇成淮扬菜源头，与成都孕育的川菜一道，打造出江东与西南美食重镇，成就天下四大菜系中的双子星。

　　澳门是中西水路枢纽，华洋共处。粤人的清淡与西方的浓稠奇妙融汇，成就一方美食。葡国鸡、葡式蛋挞、杏仁饼、猪油糕散发着中西合璧的滋味。澳门美食中西合璧，香浓醇厚、荤素争辉、甜咸交汇，如融川纳海的王昌龄，吸引着中外食客纷至沓来。

（三）

　　顺德为名不见经传的岭南水乡，河汊纵横，塘鱼鲜美。它既无淮安那4000年深厚的美食历史积淀作支撑，成就开国第一菜；也缺乏成都引人垂涎的江鲜山珍和司马相如、卓文君当垆卖酒的千年风雅；也没有扬州那络绎不绝的历史名人，如郑板桥、朱自清、梁实秋等作诗文扬名，更没有澳门那源远流长的中西美食文化底蕴，但顺德厨师硬是从一把菜刀、一个砧板起步，一步一个脚印向前挺进。

（四）

漫长艰难的磨炼，如粗大砺石，将顺德厨师的心志、毅力、格局、工艺细加磨砺，岁月的雨水与不停的汗水将他们日夜打磨，最终淬炼出顺德厨师独有的坚忍、谨敏、谦和、宽容，锤炼出他们屡仆屡起、百战不殆的坚韧与自信，最终形成融川纳海，本味为先，和契众口的广府美食优势。

■ 顺德美食（李清华　摄）

物鲜味真，思巧艺精，清新朴拙，妙在家常的顺德菜，如老少咸宜的白居易，淡净和雅，本味醇真，引得天下食客闻香知味，纷至沓来，更成为广府菜的重要滥觞。

（五）

多年来，政府组织各种活动，锤炼厨师技艺；设立各种荣誉，提升厨师职业成就感；更带领他们奔走国内外，广开眼界，切磋交流，令他们容纳百川，独出己见。近年，顺德设立厨师学院，以培养技艺精英，接续美食脉络，更在全社会形成美食风气。

在新时代里，顺德厨师日作夜思，锻淬出一把把深藏烹饪妙法的霜锋快刀，在政府引导和推动下，他们扬眉奋起，与天下名厨一道论剑华山，笑傲江湖，以独具广府水乡意蕴的顺德菜扬名天下，与四大美食之都一道，成就当今国际美食品牌。

2015年以来，纪录片《寻味顺德》在央视播出，将顺德美食文化突破地域，推向华夏，令顺德成为美食名片。

从此，美食名店与品牌大厨更遍布各处，助推顺德美食进入发展史上的高峰，也掀开顺德美食历程与顺德厨师人生的新篇章。

结　语

从茹毛饮血到飞土逐肉，从肥浓不舍到南北融合，顺德饮食随时间的延伸而形成清新淡雅、妙在家常的地方风格，与顺德经济从南北交融、桑基鱼塘、多元发展的历史遥相呼应。因此，顺德饮食是历史进程的倒影。

顺德厨师从昔日后厨操刀、庭院抛镬到随主人奔走南北，再到后来自立门户和如今名扬天下，这是他们以从未停息的奋进脚步踏出的人生路，顺德经济的发展与文化的进步也为他们的集体崛起推波助澜。

从一羹一调的大变化中，人们真切感知到顺德厨师从名不见经传到如今名扬华夏背后坚忍、精进、不舍、乐观的内在精神，而他们从幕后到前台、从配角到主角的历史性转换，让人感受到他们追求极致、突破极限、自我超越的可贵品格。如今，他们融入地方经济发展，推动餐饮文化进步，更让人清晰目睹到顺德文化孕育出来的餐饮英才的迷人风姿。

第二章

名厨荟萃　巧手如云

——顺德当代杰出名厨小传

　　菜肴是一座城市的名片，滋味是菜肴的灵魂，名厨就是菜肴灵魂的制造者与守护人。理解厨师，就可理解一座城市的味道，更能认识一座城市的过去、当下与未来。

　　为他们留文存传，是对他们最由衷的致敬，更为这座城市留下最具温情与意蕴的人间滋味。

扫码观看专访视频

第一节　女中豪杰陈凤珍

> 陈凤珍：顺德大良人，1936年9月出生，1991年退休。
>
> 曾任职于广州市陆记灿东江盐焗鸡小食店、广州中区饮食管理部、"三八"食堂、大同酒家。广州市一级厨师。

小店当学徒

陈凤珍14岁就到广州表姐家当保姆，一年多后就到陆记灿东江盐焗鸡小食店当小工，洗碗、拖地、捧菜。

陈牛师傅见她勤快机灵、好学上进，于是悉心传授厨艺予她。陈凤珍白天负责宰几十只鸡，学切菜、煲饭；晚上，她就去学做东江盐焗鸡。几乎每天，她都重复着将鸡用热水浸泡熟使之骨肉分离，拆成鸡丝，加盐、

■陈凤珍叙述当年往事

■陈凤珍摆设的"晨鸡早唱"栩栩如生，令人赞叹

猪油、沙姜、卤水等调味，最后把骨、肉、皮重新拼回一只鸡的形状。

她悉心琢磨师傅手法，大胆请益，更勇于实践。有时候，师傅醉酒不醒，她就充当厨师，做盐焗鸡饭、蒸排骨饭。

有一次，她煮排骨饭忘记下盐，顾客将她狠批一顿，深爱其才的师傅得知，却对她十分欣赏，更出面为她顶责。在陆记灿东江盐焗鸡小食店工作一年多，为她成为厨师打下坚实基础。

食堂当管理

后来，陈凤珍到广州中区饮食管理部当杂工，负责通信、油印、卫生。她在此工作一年多，练就刻苦耐劳和与人沟通的能力。

1958年，她被分派到"三八"食堂管理厨房，兼任团支书和工会主席。"三八"食堂是开放式食堂，能容纳50席左右，员工近90人，全为女性，多为家庭妇女，故称"三八"食堂。

■ 陈凤珍参加摆盘比赛

■ 陈凤珍（右三）与同事们在一起

食堂位于广中新村中心，居住人口集中，菜品不多，但便宜简朴，生意兴隆。在这里，她虽为厨房管理，却常在查看厨房过程中若发现岗位缺人时，就二话不说，立马顶替。她以实际行动告诉大家，她们是并肩共进的姐妹。桃李无言，下自成蹊，天长日久，人们都亲切地称她"珍姐"。在"三八"食堂工作一年多，锤炼出陈凤珍扎实的管理能力。她提炼其中秘诀如下：眼勤、嘴勤、耳勤、手勤、脚勤。

后来，广州饮食公司举办厨师培训班，为期三个多月。当时教授厨艺的是广州酒家、大三元酒家、大同酒家、北园酒家等著名酒楼的大厨。勤奋好学的陈凤珍毫不犹豫地报名学习。学习期间，她好学多问，日作夜思，迅速掌握扎实的烹饪知识。学习后，饮食公司征求学员意见以选择工作酒家，陈凤珍就选择了离家不远的大同酒家。

大同酒家成才

1961年，陈凤珍来到大同酒家，从此工作30多年，直到退休。她先在大同酒家的厨房工作两年。单位安排她先跟大同酒家掌管第二只锅的何明师傅学习，后来，她可自由拜师学艺。

中午时，她拜王光、区勿为师，学习切配、摆盘。心灵手巧的她摆出鸡、螃蟹等图案，犹如精美画图，常得师傅赞赏。晚市时，她拜麦炳、蓝翔、何明为师学炒菜。她常站在师傅旁当下手，边观察，边问边做。

师傅们看她机灵好学，也乐意将技术毫不保留地悉心传授给她。不久，她精通各种技术。勇于实践的她有时还申请到最后一只锅去练习炒菜。熟能生巧，有时候师傅不在，陈凤珍就会立马上位代替炒菜。食客逐渐分辨不出所吃的是大厨的妙品还是徒弟的出品。不久，她就先后考取广州市二级厨师证和一级厨师证，成为一名大厨。

有一次，在广州体育馆举办各行业的才艺展示。她代表大同酒家参加快锅炒菜，表演拿手好菜——炒鸡球，获得一致好评。于是，信心更足。

作为当时凤毛麟角的女厨师，外来单位前来参观，都会围绕着她，细看她炒菜烹肴，使她倍受关注，激励她层楼更上。

在厨房工作两年后，她被调到大同酒家办公室当保卫干部，负责大同酒家的日常安全工作。当年大同酒家经常接待中央首长、外宾，安全工作举足轻重。为做好保卫工作，她每天反复检查酒家各处，细化各项准备，晚上十一二点才回家是常事。

开朗、慈祥的珍姐，让人感觉到她身上有一种与生俱来的自信。胆大心细，有责任与担当的品格，令她深受信赖。

后来，她从保卫干部变成饭店经理，琐事虽多，工作起来却更从容、细致。除管理员工、规划酒楼发展、接待宾客之外，她常到厨房去查看、指导。购菜、炒菜、出菜、卫生等都一丝不苟，以求万无一失。

作为一名年轻女经理，管理庞大的团队非易事，尤其是团队中不少人是自己师傅，也有调皮、好动的年轻人，但陈凤珍以平等商议、和谐相处的方式处理一切，使团队逐渐和洽融睦，一切皆水到渠成。

在大同酒家工作几十年，陈凤珍凭着精湛的厨艺与化刚为柔的管理，参与了大同酒家从计划经济时代走向市场经济的岁月，更将一生心血都融进这家粤菜名店中。

陈凤珍虽身处广州，但也常牵挂大良亲人与顺德饮食。休息时，她常回大良，更指点创制凤城鱼皮角的姨甥区建恩。如今，凤城鱼皮角已是顺德一道著名小食。

第二节　粤菜泰斗温祈福

扫码观看专访视频

> 温祈福：1939年生，顺德龙山人。
>
> 广州酒家企业集团有限公司原党委书记、董事长、总经理。
>
> 全国劳动模范、全国"五一劳动奖章"获得者、全国商业部特等劳动模范、广东省特等劳动模范。
>
> 获全国优秀企业家金球奖，被授予"全国餐饮业优秀企业家""中国餐饮业管理大师"称号。
>
> 曾任中国烹饪协会副会长、世界中国烹饪联合会监事会副主任等。
>
> 荣获中共中央、国务院、中央军委庆祝中华人民共和国成立70周年纪念章。
>
> 荣获中共中央"光荣在党50年"纪念章。

推陈出新敢为先

满汉全席、黄金宴、五朝宴、南越王宴……一道接一道首开先河的美食盛宴，创始人是他。

买地、办连锁，发展多种经营，创建全国餐饮业最大规模的现代化"利口福"食品厂，一次比一次敢闯敢创的重大改革，掌舵人是他。

从杂工、出纳、会计到广州酒家副经理、总经理、董事长、集团党委书记，再到温祈福酒家创办人，他身份多变，却始终在粤菜餐饮行业深耕细作，乐此不疲。

他是全国劳动模范，全国"五一劳动奖章"、全国优秀企业家金球奖获得者，全国商业部特等劳动模范、中国餐饮业优秀企业家、中国餐饮业管理大师，种种重量级荣誉加身，集结为"粤菜泰斗"。

他就是温祈福，血脉里流淌着"敢为天下先"特质的顺德人。尽管年岁增加，但壮志未减，在餐饮界打拼60余年至今仍奋斗不息。

少年滋味，临老犹鲜。看似云淡风轻、无欲无求，实则壮士暮年，雄心不已。攀过一个又一个高峰，创造一个又一个奇迹，温祈福依旧胸怀丘壑，放眼河山，继续在粤菜餐饮行业运筹帷幄，笑看风云。

少年心事当拿云

辛弃疾《水调歌头》中写道："四十九年前事，一百八盘狭路，挂杖倚墙东。老境何所似，只与少年同。"对温祈福来说，"四十九年前"还远没到故事的发端，他和餐饮行业的缘分，得追溯到66年前的1955年。

1955年，15岁的顺德乡间少年温祈福，踏进省城广州，开始锤炼自身，积累资本，书写餐饮业充满变数的传奇经历。

随同宗叔伯来到广州后，秉承自小养成吃苦耐劳的性格，温祈福在宝华路永合小食店当起一名只包吃但不结工资的杂工。每天凌晨起床，磨米浆做肠粉，团团转，一直忙到下午3点。

繁重忙碌的体力劳动并没有压倒温祈福潜藏心底的梦想——万般皆下品，唯有读书高，"做杂工，是没有前途的，必须学知识，学到一技之长"。于是，他自费报读岭南会计学习班，后又报读广州市第三中学开设的夜校，系统性地学习中学语文、数学、历史等课程。

如果说，当年来广州谋生

■意气风发的岁月

是生活安排给温祈福的变数，那么这次学习，以及由此而开启的种种变数，都是温祈福的主动求变。

读书深刻改变了温祈福的人生。1956年，永合小食店公私合营，16岁的温祈福抽调到品荣陞中心店当出纳，主管5家小店账目。不久，出任总出纳、会计、人事职务，负责10家小店的账目和人事调动。除广州饭店，即如今广州酒家、陶陶居、莲香楼之外，下九联店所有中小店铺的人事和业务、上千员工和几十间餐饮店都归他管理。基层的磨砺，锤炼出扎实而灵活的管理经验，后来，他成为联店经理。

30岁那年，上级有意调温祈福到机关担任行政干部，那是一份稳定、舒适的优差，却被他以"学历不够、资历不足"而婉拒。心底里"敢为人先才能有所作为"的"不安分"想法，让他选择继续留在熟悉的餐饮行业一展抱负，开天辟地。于是，他调到广州饭店担任管理工作，一年后，升为副经理。

少年心事当拿云！从广州永合小食店出发，到品荣陞中心店，再到广州饭店，少年温祈福凭着踏实不怕苦、好强不服输、创新不守成的精神，逐步成为名动餐饮界的"英雄"。

为有源头活水来

20世纪70年代初，已在餐饮界积累十余年经验的温祈福进入广州饭店，担任副经理。此时的广州饭店，营业额比不上泮溪酒家、北园酒家、南园酒家、大同酒家等同类饭店。

计划经济时代，以排名分配各类物资。好强的温祈福又一次求变——乘借外交接待之机，在时间短、资金紧的情况下，克服重重困难，使广州饭店从两层楼变为三层楼，广州饭店也正式命名为"广州酒家"。

1984年，45岁的温祈福执掌广州酒家"帅印"。当时正值改革开放初期，作为羊城饮食行业巨头的广州酒家受到来自外资酒店的强势挑战。"如何破局？一要做广，向酒家连锁发展；二要做深，向食品供应延伸"，"变则通，唯有改革才有出路，唯有创新才能壮大"。

敢为人先、敢说敢干，既是一种长远眼光、一种谋略智慧，更是一种笃定的勇气。在温祈福的回忆中，其间他所主导的多个脱胎换骨的变数，

■ 开始走向人生高峰的温祈福

都与勇气有关。

1983年，广州酒家净资产不过30多万元，月营业额仅60万元，却成为广东改革开放以来第一家敢于向银行借贷巨额资金改造的国营酒家。最终，通过向银行贷款400万元，加上自筹资金合计600万元，进行内外装修，广州酒家一跃成为广州格调最高雅的酒家。重新开业后，广州酒家首年营业额提升到2000多万元，并提前半年还清贷款。如此"敢教日月换新天"的大手笔、大气度，业界为之震动。

1989年，眼光独到的温祈福，经过一番视察，决定要将分店开到当时被称为"广州西伯利亚"的珠江南岸——河南。一江之隔，河南与河北却是云泥之别，坊间戏说："宁要河北一张床，不要河南一间房。"温祈福决定开分店——滨江西广州酒家；滨江西路原是一条死胡同，无路出入，如何经营？当时各级领导和员工都极力反对，皆因风险太大。其实，温祈福并非心血来潮，而是源于他敏锐的商业触觉，以及出色的逆向思维——

存在即合理！河南的市民喜欢到河北消费，那是因为河北聚集了繁华的商业区。而河南，虽有美丽的白鹅潭，但没有可消费的高档酒楼，带不旺商业。最终，温祈福凭着缜密的思维做了一份详尽的可行性报告，力排众议，说服各位合作者，并多方筹措，疏通流程，推进项目。半年后的12月30日，海珠区滨江西广州酒家分店正式营业，不久，创造出月营业额达500万元的业界奇迹。如此眼光独到，精准落子，令人叹服。滨江西广州酒家是重大的转折点，更成就广州酒家今天的辉煌。

1990年，51岁温祈福以求"变"的心态为广州酒家百年基业做出"再变"的决定——买地置业。

其时，天河体育中心旁边还是连片菜地，孤零零屹立着的仅有广东外经贸大厦一栋建筑，但温祈福一眼看中这块未来的旺地！因为，他从广州城市规划局获知商机——天河区将是广州市未来发展的中心。温祈福果断投资500万元，买下10亩空地，兴建广州第一间餐饮专营大厦——5层楼高的"百福广场"。买地已经用尽流动资金，装修需要的2000万元巨款，如何解决？雷厉风行的温祈福想到群策群力，内部集资——召开职工大会，发动职工集资，承诺一年后偿还，2分利息。天时、地利、人和，地皮、资金全部到位，百福广场顺利建成投产。更令人意想不到的是，温祈福居然反其道而行，力邀香港利苑酒家和潮泰酒家等同行劲敌进驻，并将最好楼层让给对手。这是何等的策略与胸怀！温祈福解释道："酒家成行成市可以吸引更多顾客，可以让消费者多一些选择。竞争对手的存在也可以激励自己做得更好。"

■ 笑看风云的温祈福

■ 回首当年往事，温祈福仍感慨连连

　　果然，明珠在前，通过向香港知名酒家学习，广州酒家在管理、菜式、服务等方面品质再次提升。天河分店成为广州酒家的"黄埔军校"。

　　1996年，57岁的温祈福再次求变。这次变革，是"越界"投资2亿多元在番禺创建一间大型的现代化食品生产基地——利口福食品有限公司。

　　早在20世纪80年代初，温祈福已经极具前瞻性地提出"发展食品工业，做深餐饮行业"的构思，并从月饼入手，将同德围一个猪场改建成食品加工厂，聘请技艺纯熟的师傅以精良的设备、纯正的材料制作月饼。

　　20世纪90年代初，广州酒家的月饼年生产量达到160万盒。

　　新建的利口福食品有限公司占地150亩，厂房建筑面积5万平方米，除应节月饼外，还生产速冻点心、腊味、即食食品、速冻菜式、面包西点、蓉口馅料、春卷薄饼、广州手信等多个系列，共计160多个产品，出口到美国、加拿大、澳洲、欧洲等国家和地区，把酒家食品做到从小到大，走向五洲。

　　"'利口福'名字的缘起，不仅因为我名字中的'福'字，更多是希望公司生产的食品健康，'利口利福'。"温祈福解释道。

　　"问渠那得清如许，为有源头活水来。"读书如此，做人如此，企业管理亦如此。为确保企业持续发展，温祈福一直高瞻远瞩，只为可以源源不断向企业注入活水。

不让浮云遮望眼

进入耄耋之年，温祈福历经过人生的高低起跌：曾经贫苦，继而富足；曾经失败，更多的是成功。对于这一切，他视若浮云，正如他在古稀之年的自我总结："七十载光阴，看似漫漫人生，其实天地一瞬间，五十年拼搏，尽管岁月蹉跎，回眸已付笑谈中。"

可20世纪90年代的教训，温祈福至今记忆犹新。"为克服传统月饼重糖重油的弊端，因应健康饮食的理念，广州酒家尝试制作轻油轻糖的健康月饼。可是，因为未经充分反复试验，月饼出现霉变。这是非常严重的质量问题，必须妥善解决。唯有如此，才是对顾客负责，对企业负责。"在始料未及的问题面前，温祈福沉着应对，当机立断，决定封存并销毁15万盒问题月饼，并在电视上公开向消费者真诚道歉，同时拿出100万元作为保证金，许诺再发现一个发霉月饼立即赔偿10万元。这也是温祈福的胆量和担当。教训如此深刻，此后温祈福时时以此自勉——致广大尽精微，做饮食必须既关注大局，又要着眼细微，严抓食品质量关，做好每一处细节，确保不出现任何质量问题。

业界对温祈福的赞誉有加，源于他一次又一次的"首创"。

1984年，温祈福在广州酒家创新推出"满汉精选"，随后更隆重推出"满汉全席"。"满汉全席"是中国烹饪技艺发展的一个高峰，出现在清乾隆年间（1736—1795年），是由江南官场汉族大宴的格局与满族传统饮食风尚相结合的中国最大型酒宴。它因规格高、礼仪重，非大庆典不设，排场大、菜式多，筵宴时间相当长，需分两天或三天吃完而号称"天下第一宴"。温祈福调派黄振华、蔡福、邓基等特级厨点师精英，亲往北京、沈阳、西安、洛阳等地考察后，推出

■ 从未停止锐意创新的温祈福

108款菜点的"满汉全席"，分作三天四餐供客人享用。"满汉全席"荤素配搭，令人目不暇接，加以一流的器配、高质量的服务，一经推出，轰动海内外。

1987年，温祈福又开始"五朝宴""黄金宴"和"南越王宴"三大尝试。"五朝宴"是仿唐、宋、元、明、清五个朝代的"菜式精选"，"黄金宴"则是根据《本草纲目》对金箔的养生价值的记载，别出心裁地将金箔运用到筵席中。

仿唐、宋、元、明、清五朝的食谱，计有驼蹄羹（唐）、遍地锦庄鳖（唐）、皎月香鸡（宋）、比翼连理（宋）、香草烧羊串（元）、钟山龙蟠（明）、七星螃蟹（明）、黄金肉（清）、一品锅（清）、王母仙桃（宋）、白银如意（明）、长生粥（唐）、五香面（清）等。这些仿古菜式均有历史根据，不少还有历史典故，如此，食客不但可领略古人的饮食风情，还得到文化知识熏陶。宴席一经推出，大受追捧。50席"五朝宴"分5天推出，全被预订一空。

"黄金宴"更成为当时广州美食的一张名片，连英国的《泰晤士报》、美国邮报都慕名前来采访报道。其时，人们的观念还相对保守，不太能理解美食在饱腹之外的审美功用，觉得这样的宴席实在太过于奢侈。但这个争议事件，起到极强的宣传效应，让广州酒家得到更多关注。在经历了改革开放初期的短暂低潮后，广州酒家在温祈福的带领下，迅速回到巅峰。

在经历10多年的改革创新后，1991年，温祈福再次大胆挑战，组建广州酒家企业集团有限公司，为其日后发展和挂牌上市奠定良好基础。2017年广州酒家在上海证券交易所挂牌上市，成为广东省率先上市的饮食集团。

"不畏浮云遮望眼，只缘身在最高层。"对于一时的艰难困厄和外界的美誉，温祈福总是安之若素。他说："我必须站得更高、看得更远，才能带领企业、带领员工走得更远。"

暮年虽至壮心雄

70岁那年，温祈福举办了盛大寿宴。当外界普遍认为那是一场告别宴时，温祈福却以旺盛的斗志、永远年轻的心态再度整装出发。

■ 荣获庆祝中华人民共和国成立70周年
纪念章

2009年，温祈福换一个身份再入江湖，只是这一次更为直白决绝：他以其本名以及数十年积累的声名作押，在广州芳村创设"温祈福酒家"。

如此孤注一掷，也是不成功便成仁，唯有加倍用心。

"我这个人，很专一、很专注，至今，最爱的依然是游泳和美食。我从年轻时开始就喜欢游泳，最长的纪录是在水里连续游了18小时，从英德一直游到佛山三水河口。但我一辈子最大的爱好还是吃。"

当年那个中流击水的游泳少年，每次游泳后都吃上一碗艇仔粥，用新鲜的虾米、海蜇、叉烧、墨鱼片、鱼骨熬成的粥，让他回味无穷。

现在的他，一如当年，习惯于到处寻觅美食。"一品天香""桂鱼换新装"等粤菜系的新名菜，就是温祈福的"吹尽狂沙始到金"。江浙菜系是他近年来重点关注的对象。在杭州和上海，他逐一品尝当地美食，直言"印象深刻"。著名的"东坡肉""龙井虾仁"由此引进温祈福酒家，成为广州食客的新宠。

在自己的酒家里，温祈福再次将与时俱进、锐意创新的理念灌输到每一个环节。广州是个开放城市，湘菜、川菜、鲁菜、江浙菜乃至西餐都对粤菜有冲击，如何让粤菜发扬光大？"我始终坚持一个理念：做粤菜不能墨守成规，跟不上时代变化就会被淘汰。"温祈福说，"我的酒家也做一部分外地菜，且每推出一种外地菜，我都会特意请来当地的大厨进行烹饪。同时，还与时俱进，对粤菜菜品做出很多改良，将芝士、牛油、沙拉等西餐的食材引入粤菜之中，让人耳目口舌为之一新。"

第三节　引领潮流吴仕坚

扫码观看专访视频

> 吴仕坚：顺德勒流江义人，1940年12月出生。
>
> 顺德厨师。

初尝农工商　得遇好师傅

吴仕坚出生于顺德勒流江义，先后在江义小学、勒流中学就读。父母为农民，自幼接触农活，深感农民劳作不易且收入微薄。

初中毕业后，吴仕坚放弃继续修读农校的机会来到广州，先后做过人力车夫、煤渣工、垃圾工、河沙搬运工及广州客运码头和珠江大桥建设工人，一次搬运200斤重物都不在话下。他在广州化工厂搬运硫酸时，尽管工作危险性较高，但用单车运一程就能得30元工钱，收入可观。在广州艰辛谋生，锻炼出吴仕坚吃苦耐劳的品格，为他日后的厨师生涯奠定基础。

因担心户籍不在广州引起不必要的麻烦，吴仕坚遂返回顺德大良。其时吴仕坚的堂兄弟在顺德饮食服务公司第一食堂任厨师，经其推荐，负责人梁佩芬对吴仕坚面试，吴仕坚终于获得21元月薪的学徒工作。尽管与在广州时的收入差距巨大，但能学到烹饪技法，又能生活在家乡，吴仕坚心满意足。

每天早晨，吴仕坚都会在师傅上班前半小时到达厨房给煤炉生火。由于当时尚无打荷（负责腌制调味、上粉上浆、拼扣造型等）工种，作为学徒，吴仕坚眼明手快，边学习烹饪边做打荷，中午12点后饭市结束，师傅便离场，吴仕坚留下继续做清洁、运缸泥、做煤饼、运煤渣。短暂休息后，下午3点，他又回到厨房生火。每日的工作循环往复，单一枯燥，反复碎屑，但正是这些繁杂与细节，磨砺出他坚忍的性格与追求完善的态度。

据吴仕坚回忆，对他入行启蒙影响最大的有朱兆、龙华、霍尧等师

■ 1978年，吴仕坚（左）与师傅霍
尧（中）、吴作基（右）合影于
顺德中国旅行社

傅。刀工是基本功，朱兆师傅的刀工在当时小有名气，制作水鱼需将肉
和骨头分离，而前肢和后肢使用的刀法又不同，难度很大。朱兆处理的水
鱼，骨头晶莹雪白。吴仕坚还记得朱兆师傅的谆谆教导："站姿和握刀姿
势是基本功，手握刀的姿势要靠前，这才能稳。"

　　龙华师傅对卫生要求极严，连味碟的碟底也不允许留有污迹。当时物
资匮乏，没有手巾，吴仕坚就买百货公司的布匹包装布，剪成小块，叠成
一沓，放在师傅身后的柜子里，以便随时拿出来擦菜碟外沿。休市后，吴
仕坚就把布块放进煮满热水的锅里，加入小苏打作清洁剂，洗好后铺到灶
台上，利用预热烘干。勤勉、任劳任怨的吴仕坚给师傅留下极佳印象，师
傅们都愿意教他做菜。吴仕坚回忆当年，总结其经验是做饮食要讲求"两
心"：细心与恒心。

　　20世纪60年代，珠海香洲的龙舟比赛闻名遐迩，蜚声港澳，吸引成千
上万的乡人远道而来观看赛事盛况。1963年端午节，香洲镇宴开500围，
附近地方市都需派厨师支援，霍尧师傅带上吴仕坚前往珠海。据吴仕坚
回忆，顺德厨师主要安排在一家渔民酒家，当时的食材以猪、牛、家禽为

主，海味、海鲜颇鲜见。

酒家从3月就开始准备。当时没冰箱，如何对肉类进行保质成为问题。酒家搭建简易水池，下铺木板、铁网，将死去的鸡只放进去，每日冲水，以作保存鸡肉的冰库。尽管如此，能放到端午节食用的鸡估计只有一半。为减少酒家损失，霍尧师傅利用这些看似无用的鸡只制作炸子鸡，焯水后放进白卤水里浸熟，涂蛋浆和生粉，每道卖出50元，成功化"腐肉"为佳肴。端午节那天，吴仕坚所在的渔民酒家负责120围餐饮，宴席菜单有肉粒雪耳汤、酸梅鹅、煎焗排骨、炒丁等。

如何能在短时间内制作出1000多人的菜品出来，这让顺德厨师们苦恼不已。霍尧师傅负责做酸梅鹅，吴仕坚建议，可预先调好酸梅酱，控制好锅的火候，再安排人把酱浇淋到鹅上，只需教会两三个人辨别鹅煮熟程度即可。如此一来，极大提高效率。

初出茅庐的吴仕坚被安排负责做肉粒雪耳汤。他先定制大锅，按照人数计算出每锅要做多少碗汤，把切好的猪肉按算好的分量和猪骨、雪耳等倒进锅里，煮好后，再把汤按量盛好。除此之外，顺德厨师还烹饪家乡菜。吴仕坚制作的野鸡卷，深受食客欢迎，供不应求，十几天时间里有力拉动酒家生意。

得遇好师傅，具备初中程度文化知识，能写菜单，能运用数学知识定量备菜，精明能干，吴仕坚的人生渐露一片澄碧。

赴香港发展　传顺德美食

中国旅行社（简称"中旅社"）建成后，吴仕坚调到中旅社，负责旅行团夜宵，一年多后去香港发展。接替吴仕坚岗位的正是日后声名远播的顺德大厨罗福南，这又是另一段佳话。

到香港后，经朋友介绍，吴仕坚在位于西环的大酒楼工作。尽管吴仕坚在顺德已有多年厨师经验，但他发现香港餐饮业与内地有不少差异。例如，顺德的锅大多固定，而香港使用抛锅；顺德煮牛肉不分部位，而香港把牛各部位的肉制作成不同的菜式。在人事上，香港分工清晰，员工完成职责范围内的工作后就可休息，还有明确的晋升渠道，要求接受一段时间的磨炼才能升迁。所有这些，都对吴仕坚深具冲击，更使他形成对饮食企业的深层思考。他从基层做起，打杂大半年，每月收入2000元，相对于家乡其他人来说，可谓巨额。

俗语说："鱼不过塘不会大。"吴仕坚如是总结他之后的掌厨经历。后来，他在香港恒生银行总行管理高层的专属厨房掌厨。高档的食材、精细的出品要求，让吴仕坚获益良多。例如，制作豉汁，要把蒜头切成每粒大小一样，然后煮成金黄色，去掉蒜味；乳猪要把最好的两只猪的局部拼到一起上菜，按客人口味，再将乳猪制作成酥脆的光皮或松化的芝麻皮。根据客户需求不断调整菜品的精细服务，令吴仕坚领悟到现代餐饮的神髓。科学的管理与精致的制作，成为他日后脱颖而出的文化根脉。

后来，因缘际会下，吴仕坚来到香港卫生署经营一档餐厅，免收场地水电铺租，但每月营业额的百分之十要返还给卫生署。因是非盈利机构，卫生署医护人员工会的会员享受用餐优惠。在寸土如金的香港，能经营一家容纳6张桌的餐厅，吴仕坚深感满足。他制作的饭菜，不少是顺德传统菜式，

■ 提到当年在香港餐饮的经历，几十年后，吴仕坚仍津津乐道

如野鸡卷、炒牛奶、凤巢三丝、凤城百花蟹盒等。其中，凤城百花蟹盒是一道古老菜，其做法十分传统：虾仁、香菜切成粒作为馅料，肥猪板肉切成薄片粘上生粉，一片肥猪板肉作底，一片作盖，中间放馅料，裹上蛋浆，再放入油锅炸，修剪边缘，状若螃蟹盖，四周边缘透出香菜的青绿。

1989年吴仕坚停止在香港卫生署经营餐厅后，还曾到李兆基家面试。当时李兆基的私人厨师年已70岁，准备退休，李家需重新物色人选，吴仕坚和李兆基是同乡，2小时的交谈十分投契。他们聊起家乡的学厨历史、在中旅社的故事等。对于厨师要求，李兆基说："如果我不离开香港，你就不好彩（好彩：粤语方言，意为幸运）了，没有假期；如果我离开香港，你才能放假。"随后，李兆基更是开出不少于港币2万元的月薪待遇。但由于个人原因，吴仕坚须返回家乡，无奈中只得婉拒这位主雇。

潜心经营　砥砺前行

从香港回来后，吴仕坚继续坚守餐饮业，先后在陈村二招饭店、广州芳村顺德公饭店、勒流福临门、大良等地经营餐饮。吴仕坚将香港的菜品，如乳猪和食材等，带到顺德推广。

多年来，吴仕坚在著名砧板（负责掌刀切配的厨师）师傅朱兆手把手的教导下，逐渐精通制作野鸡卷和翡翠锦绣蟹盒。1964年，他在没有助手协助的情况下，独自一人完成从宰杀毛猪到制成野鸡卷和翡翠锦绣蟹盒的

■ 吴仕坚精制的四杯鸡，如今流传民间

全部程序。这在当时顺德厨艺界未见先例。

玫瑰豉油鸡是龙华师傅的拿手好菜，味道、卖相均一流，但制作过程复杂，所用药材种类多且贵，市场不易推广。1965年，吴仕坚在凤城第一食堂掌勺，经龙华师傅同意，精简和改良配方，以花生油、米酒、靓生抽、白砂糖各一份作调味料，制成一般家庭妇女都可制作的美味鸡肴，初称"假豉油鸡"，后霍尧师傅命名为"四杯鸡"。自此，"四杯鸡"成为顺德主妇皆精通的家庭美味。因此，在正统豉油鸡转化为大众化"四杯鸡"的过程，吴仕坚贡献深远。

1978年，吴仕坚在顺德中旅社工作时创制色、香、味、形俱佳的碧绿绉纱鱼卷，成为呈现顺德鱼米之乡的风味佳肴。20世纪90年代的顺德饮食行业，还没有以日本关东、关西辽参为食材做菜的做法，吴仕坚在顺德勒流食街福临门海鲜酒家首创此菜。后经他推荐，从香港购回日本辽参，供应顺峰山庄，时任顺峰山庄总经理的罗福南对此发扬光大。因此，吴仕坚是顺德使用日本辽参入菜第一人。

多年的经验告诉吴仕坚：烹饪出品固然重要，但如何减少浪费、提高利润、降低管理费用，是餐饮业成功的关键。早在吴仕坚学厨时，师傅就传授"俭省"经验，买鹅要买干毛鹅，因为湿毛鹅一只重几两，买十几只价格就会差很多。

管理就是利润。吴仕坚多年的餐饮业经营经历，有不少反面例子：售卖15元一盅的红参炖乳鸽，采购员买下单价300多元的高价红参；厨师对食材处理方式不了解，浪费一批12头的吉品鲍；供货商与伙计串通，用陈旧海鲜顶替新鲜海鲜；店员偷盗饭店的糯米酒回宿舍；等等。回想起过往种种，吴仕坚只能无奈地摇摇头，管理何尝不是与烹饪一样，是一门艺术。

看到顺德现在餐饮业蓬勃发展，吴仕坚很欣慰。他鼓励后辈要创新，不要固守老一辈的方法："厨师是固定的，吃的客人才是灵活的，是客人的品味教厨师做菜。"不过，他一直无法忘怀当年悉心培育他成长的龙华、霍尧、朱兆、吴作基四位老师傅。

第四节　承传创新伍湛祺

扫码观看专访视频

> 伍湛祺：1965年3月出生，顺德勒流人。
> 佛山市顺德区厨师协会荣誉会长。

制作嫁女饼　销售松糕粉

20世纪70年代末80年代初，伍湛祺利用周末时间，带着伍冬松姐弟上门去为办结婚喜事的家庭做嫁喜礼饼和酒席。

他们带上自制铁炉门、架火炉笪铁，以砖头砌烤炉，现做现烤，制作嫁女饼，深受勒流镇民众欢迎。

他们还在家生产麻花、大光酥饼、核桃酥等传统糕点，来取货的小卖部店主往来不断。伍湛祺发明的松糕粉，分量精准，操作简便，即使是初次上手的乡民，也能用之蒸出蓬松、甜润的松糕，深受民众青睐。每年春节前，几乎所有勒流镇家庭都到其家门店买松糕粉蒸松糕，以作新年祭祀先祖所用。

■ 伍湛祺师傅精心烹制每个饼

跟随大师学习　提升烹饪技能

1983年，顺德县举办一个三级点心师培训班，谁也没想到，这个培训班的学员们后来大部分都成为顺德厨艺界的翘楚，撑起顺德美食界一片蓝天。伍湛祺就是其中一位。他当年参加培训时做的笔记至今保存完好，上面记录的点心配方、技艺清晰可见。

当年，曾为国家领导人制作点心的特一级点心大师麦锡受顺德邀请开展三级点心师培训，当时还在顺德供销社从事糕点饼食制作工作的伍湛祺积极报名参加。这次的培训为伍湛祺未来的点心之路奠定坚实基础。

培训结束后，伍湛祺积极主动与麦锡师傅联系，向其请教点心的制作工艺，麦锡师傅也倾囊相授。在麦锡师傅的悉心指导下，伍湛祺逐步成为顺德有名的点心师。

1984年，伍湛祺让家人在勒流镇西华乡开设华香园饼家，生产零售批发糕点，对外承接生产，供应当地食品厂。勤奋好学的伍湛祺在1985年获二级点心师资格。

1985年底，伍湛祺从顺德供销社辞职下海经商，在勒流镇西华乡开设华香园饼店，为当时顺德最大的糕点厂——兴顺面包厂供应莲蓉。

■ 当年参加三级点心师培训班的伍湛祺（后二排右五）

1988年，广州花园酒店召开一场大规模月饼招标会，几乎所有生产广式月饼的专业生产厂家都取样品去投标，最后，顺德兴顺面包厂脱颖而出，一举中标。从此，全国各地的大多数高级酒店都来兴顺面包厂贴牌生产月饼，月饼远销海内外。

1988年，伍湛祺创下一年中秋为兴顺面包厂供应10万斤莲蓉的生产纪录。在当时设备落后条件下，如此产量，并在短期内高质完成，在顺德糕点界轰动一时。

成名后，伍湛祺没有停下过交流的学习脚步，一直积极与多位顺德厨点师沟通、交流、学习厨点制作技术和心得，积极参与佛山市顺德区厨师协会的建设工作，更在2012年获佛山市顺德区厨师协会荣誉会长称号。

成立顺港清晖食品公司　做好月饼制作传承

年轻时，伍湛祺曾在清晖园酒楼工作，负责月饼、点心制作，后体制改革，清晖园内的招待所撤销。为将深受市民喜爱的月饼传承下去，伍湛祺与特级点心师余运携手，在2004年成立佛山市顺德顺港清晖食品有限公司，共同为公司的月饼糕点生产进行研发和技术指导。

■ 伍湛祺（一排左三）与顺德名厨、点心师傅在一起

用经过两位师傅研发新的月饼糕点配方制成的产品在正式生产推出前，伍湛祺将它送给当时顺德最具影响力的特一级点心大师麦锡师傅品尝，按照麦锡师傅给出的意见进行调整后，才将产品推出市场。产品一经推出，立即受到食客欢迎。

据介绍，清晖园始建于明万历三十五年（1607年），至今已有400余年历史，园内集中国古代建筑、园林、雕刻、诗书、灰雕等

■ 功深德高的伍湛祺荣获佛山市顺德区厨师协会荣誉会长称号

艺术于一身，可谓古时园林建筑高超工艺的结晶，展示出别具一格的岭南园林文化，为广东四大名园之一。1959年，经修葺，清晖园成为顺德县最高级招待所，曾接待过多位国家领导人。

当时清晖园增设的酒楼主要出品楚香鸡、八宝鸭、野鸡卷等顺德特色传统粤菜，做工细致、精美，味道鲜美，成为顺德著名美食地。其中，酒楼制作的清晖园牌月饼制作工艺讲究，为顺德人首选，每年供不应求。如今，清晖园牌月饼依然是广大顺德人购买月饼时的"心头好"之一。

伍湛祺等人秉承深厚优良的广式糕点制饼手艺，坚守顺德美食精益求精的工匠精神和品质至上的原则，每款食品均精挑细选原材料，用料十足。他们精心专注于生产各类原汁原味的广式风味中秋月饼、结婚礼饼、贺年食品、广式腊味、顺德传统饼食。

除做好传统月饼的制作外，为顺应时代的发展和市民口味的变化，创新品种和口味也是伍湛祺等人重点考虑的问题之一。例如，将双皮奶、姜撞奶等知名甜品与岭南酥饼结合，公司创新开发出双皮奶酥、姜撞奶酥等新品种，深受市民喜爱。

第五节　追求本味李灿华

扫码观看专访视频

> 李灿华：1944年生，顺德大良人，从事烹饪40余年。
>
> 1997年，作为凤城酒店表演嘉宾代表顺德参加由香港《星岛日报》在加拿大及香港举办的"101席顺德菜慈善基金筹款宴"；1999年代表顺德参加第四届全国烹饪技术比赛获团体金牌；2002年10月在凤城酒店任职时顺德饮食协会评其为"顺德十大名厨"；2002年11月被中国烹饪协会评为"中国烹饪名师"；2002年12月被广东烹饪协会评为"广东烹饪名师"；2003年代表顺德凤城酒店参加"2003佛山美食欢乐节"，其参赛作品"年年有余庆丰收"获佛山市十大宴会酒席的第六名。

李灿华，人称"华叔"。1944年出生，在顺德十大名厨中，为"元老"级别。"我的一双眼，可是看过抗日战争的胜利，看过中华人民共和国的成立。"李灿华笑说。其实，李灿华岂止用一双眼见证一个时代的变迁，还用一生延续顺德厨艺的传承创新，用一双手烹调出一个时代的活色生香。

一生人延续顺德厨艺的传承创新

20世纪50年代，李灿华初中毕业，先后进入容奇派出所、大良北区派出所工作，却总觉得志不在此。最终，他听从内心，于1961年转行，进入桥珠饭店，即当时"凤城第一食堂"，投身喜欢的饮食行业，由此开始长达半个世纪的烹饪生涯。

其后，李灿华到广州接受为期两年的系统性烹饪培训，回顺德后，先后在顺德饭店、南苑山庄、顺德旅游贸易中心、凤城酒店等名店掌厨，

2005年退休后，受邀到顺德供电局餐厅负责烹饪接待。

从业期间，李灿华虚心求教，潜心求学，以顺德乡土风味为根本，以食客喜好为导向，传承创新，曾代表顺德厨师到过香港、多伦多等地做厨艺表演，更代表顺德参加第四届全国烹饪技术比赛，后代表酒店参与"2003佛山美食欢乐节"比赛，皆载誉而归。

"食在广州，厨出凤城"。据资料记载，从民国时期开始，一代一代凤城厨师，凭借高超精良厨艺，成为国内外多家顶尖酒店的行政总厨，名震江湖，推动粤菜成为国内外名菜。诸如中华人民共和国成立后第一个国宾馆——上海锦江饭店行政总厨肖良初、北京饭店御厨康辉、广州粤菜状元、北园酒家大厨黎和，香港十大名厨之首、金陵酒家行政总厨梁敬等。

除此之外，还有大批功力深厚的"扫地僧"在顺德压阵，擦亮顺德"厨师之乡"招牌。如桥珠饭店三杰：温新、朱兆、潘豪；"凤城四大奇人"之一：大良软炒王龙华；勒流永乐大酒家主厨"神圣二"罗二（曾在澳门国际酒店任大厨）等。他们除厨艺名动于时之外，更尽心尽力培养后起之秀。李灿华说："我何其有幸，成为龙华、温新、罗二、朱兆、蔡锦槐等名厨的亲传弟子，得以口授手传。我至今仍记得龙华教我识别三鸟老嫩和鉴别海味优劣的方法；也记得'蔡老六'蔡锦槐师傅教我做的葵花大鸭。"

葵花鸭是一款历史悠久的粤菜；早在粤菜菜谱《美味求真》（以文堂版）便有记载，但工艺尚嫌粗糙：肥鸭起骨，滚至仅熟，切厚片；一片火腿一片鸭，用钵装拼；绍酒一大杯，原汤一大杯，隔水炖至极烂。1964年，"凤城厨界老太公"蔡锦槐用代表当时粤菜烹饪最高境界的氽法，创新改良烹制成葵花大鸭：将熟鸭肉片、冬菇、火腿片、笋片斜排成葵花瓣状，入屉扣烂，反扣于汤锅内，然后注入已烧沸的有味上汤。

此菜汤清鲜而清澈，鸭肉嫩滑，色彩明快，造型精美，犹如水中葵花拼盘，在大良第一食堂甫一亮相，便在顺德饮食界引起轰动。从炖的葵花鸭到氽的葵花大鸭，一代代顺德厨师对传统菜式传承创新，精益求精。

李灿华于1961年进入桥珠饭店，做过两三年杂工，肯学肯做，且悟性高、手脚快，温新、龙华等大厨的手艺，他看几遍、练几遍就做得形味相似，于是，领导破格让他上台炒菜。随后，李灿华借着参加广东省饮食服务公司组织的厨师培训的机会，用心学习，专心钻研，在广州知名食肆的

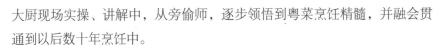

大厨现场实操、讲解中，从旁偷师，逐步领悟到粤菜烹饪精髓，并融会贯通到以后数十年烹饪中。

20世纪六七十年代，顺德菜烹饪的主材大多是本土出产的四大家鱼及三鸟、家畜，虽用料简单，但李灿华推陈出新，在烹饪技法中下心思，研制新菜品。例如，野鸡卷、炒牛奶、蒸家鱼、炒蛇片、顶骨鳝等，选料新鲜，工序严谨，技艺娴熟，口味鲜香，深受赞誉。

20世纪八九十年代，顺德经济水平随着工业发展进一步提升，鱼、虾、蟹等河鲜、海鲜，以及鲍参翅肚等名贵山珍海味逐步摆上餐桌。李灿华与时俱进，烹调海味也得心应手，风味独特。但是，李灿华敏锐地发现，来顺德寻味的港澳同胞最喜欢品尝的依然是传统顺德家乡味，喜欢的是具有乡土气息的地道顺德风味菜。于是，他到处搜集、整理传统乡土菜菜谱，并根据当时食客新口味加以改良，推出鱼塘公炆鲌鱼、梅子蒸鲌鱼、糯米酿鲮鱼、桂洲头菜炒鲜鲍等怀旧加创新的菜式，一时间，新菜式大受欢迎。

虽已在知名饭店掌厨多年，也已成为受人追捧的名厨，但李灿华一直好学不倦。"闻道有先后而已，别人的好厨艺，我必须用心去学，取人之长补己之短。""我至今仍记得师傅曾经对我的批评'你炒的是秤钩菜，怎么及格？'所谓秤钩菜，就是菜的茎、叶交缠。意思是这样茎叶交缠的炒菜，先不说味道，首先形相已经不及格，怎能给顾客食用？也记得师傅教我的诀窍，要想虾肉爽口，必须先用盐抹抓，去除虾肉表面的黏液。"时隔数十年，当年师傅的教导言犹在耳，李灿华依然铭记于心。

李灿华尊师重教，亦乐于提携和传授后辈。龙的酒楼总经理龙仲滔、德景轩十三姨私房菜总厨罗建强等都是他的高徒，如今亦成为厨艺了得的大厨。"我收徒弟没有过多的要求，只有一条，就是肯学。你肯学我就肯教，一个人只要有责任心、有恒心，总能学到东西。"

40多年来，李灿华对厨艺孜孜以求，也将毕生所学毫无保留地传授出去，所体现的正是一代代顺德厨师对厨艺传承创新的不变追求。

一双手烹调出一个时代的活色生香

传统顺德菜具有明显的地方特色，善于运用当地特产，融合当地的乡土文化，以各种烹调技艺烹制出清、鲜、爽、嫩、滑的口味与特点。

李灿华的拿手好菜颇多，鱼塘公炆鲩鱼、桂洲头菜炒鲜鲍，正是顺德菜传统食材与乡土文化及创新烹调技艺相结合的典型。

顺德乡间，对于从事或熟悉某一行业的人，俗称为"佬"或"公"。"鱼塘公"，即养鱼专业户。近水识鱼性，鱼塘公不仅对塘鱼的生活习性、肉质味性了如指掌，且练就精湛的烹鱼技艺。正如美食作家沈宏非所言："天下最会养鱼烹鱼的，莫过于顺德人。"要论养烹兼擅，非鱼塘公莫属。鱼塘公坚守"选鱼重新鲜、食鱼求本味"的理念，坚持用原始、自然、健康的方法烹鱼，就地取材，原烹原食，食其真味。

集体经济时代，鱼塘公习惯在刮鱼后，随即在塘边垒起灶台，架起大镬，用桑枝或蔗叶作燃料，将即捕的鳙鱼（即大头鱼）即炆，然后围炉大嚼，举碗痛饮，气氛浓烈。

李灿华将这种顺德乡间的原始饮食文化应用到鲩鱼烹制中。因野生鲩鱼刺少、肉厚，特别适合炆吃。他将野生西江鲩鱼切块，与新鲜瓜菜同炆，用一口大铁镬盛载，连炉一起端上餐桌，始终保持鲩鱼温热，让食客边炆边吃，营造一种举案大嚼、围炉痛饮的热烈气氛和浓厚的怀旧色彩，令人油然想起几十年前顺德满野鱼塘、即捕即烹的情景。

大头菜，在顺德人心目中始终占据特殊的地位，被赋予"顺德鲍鱼"美称，是每个顺德人心底里挥之不去的传统顺德味道。因有大头菜的装

■ 李灿华回首当年百味生

点，顺德人很能将日子过得有滋有味。

物质贫匮年代，大头菜是主菜。日常佐膳，常常是一碟头菜、排菜或冲菜以调剂口味；家常菜往往来一味头菜剁猪肉或冲菜剁牛肉，以刺激味蕾；小孩家则喜欢偷偷嚼头菜当口果，感觉到先是微甜，接下来是鲜味，最后变成微辣，回味无穷。

经济发达年代，大头菜成为家乡风味的味源之一。蒸污糟鸡要放大头菜，家乡蒸鱼嘴要以大头菜做配料，连第五届中国烹饪世界大赛金奖面点桑基蚕茧香的"蚕茧"内也少不了淡口头菜粒。

桂洲头菜也称"江南圆头菜"，腌咸后称"江南正宗咸菜"，简称"江南正菜"，是头菜妙品。顺德人珍视江南正菜为烹调"甘草"，因其辣香而惹味。据传是因清代乾隆皇帝爱吃大头菜，下江南时御膳必备大头菜而得名。桂洲大头菜腌制晒干后咸淡相宜，甘香爽口，清香爽脆，食味隽永，独具农家风味。按加工口味区分，桂洲江南正菜有淡口干头菜、咸头菜和半咸头菜3个品种。其中，淡口干头菜最受人们喜爱。

顺德籍香港美食家唯灵对桂洲头菜极为推崇："及第粥的肉丸，顺德人必加江南正菜粒才能发挥画龙点睛的魅力；江南正菜切薄片，配金针菜、云耳、香蕈、红枣焖黄牛金钱腱，有"杀死人"的奇味；江南正菜丝、陈皮丝、半肥瘦肉丝清蒸鳊鱼、鲩鱼腩、鲫鱼、乌耳大白鳝金钱片、生鱼片、乌鱼、笋壳等河鲜，韵味之高令豉油皇蒸海鲜不能及其项背。"

李灿华创制的"鸳鸯鲍鱼"（桂洲头菜炒鲜鲍），以色泽微黄、清香咸爽的桂洲头菜搭配嫩滑甜美、有嚼头的鲜鲍，一经推出，因回味无穷而大受欢迎，食客"食过返寻味"。甚至有钟情者评论，在顺德"要吃怀旧菜，去找李灿华"。

虽然退休了，但李灿华从未离开他热爱的烹饪行业。他曾受聘到顺德供电局接待餐厅任厨，也曾受邀到私人会所掌勺。"我喜欢烹饪，享受烹饪带来的充实和愉悦，看到客人喜欢吃，我就感到满足和自豪。"

李灿华用一双手开创出自己多姿多彩的五味人生，也用一双手烹调出一个时代的活色生香。

第六节 餐饮工匠陈江标

扫码观看专访视频

> 陈江标：顺德容奇人，1945年8月出生，1961年2月参加工作，2005年8月退休。
>
> 广东省烹饪协会会员、广东省特二级点心师、顺德名厨、佛山市顺德区厨师协会荣誉会长、餐饮高级顾问、顺德容桂餐饮行业协会"餐饮工匠"。

勤奋好学 尊师重道

在父亲的教导下，陈江标从小就养成勤奋好学的习惯。1960年小学毕业后，他边工作边在文化宫读夜校，取得初中学历。

他们一家可说是饮食世家。他外公、外婆、母亲、姐姐均从事饮食行业。其中，外公、外婆在长桥曾开粥粉糕点店。自小，他就对饮食兴趣浓厚。他第一份工作在容奇综合加工厂学习加工酱油，3个月后，经别人介绍入职容奇大来茶室。他的弟弟陈锡金也于1966年进入容奇合记饭店工作，

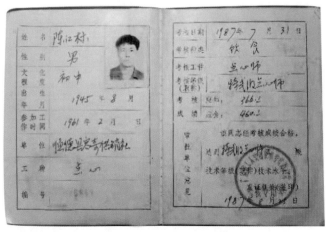

■ 当年取得的普通证书，如今回首，已是近40年前的事情

后为顺德名厨、国家二级中式烹饪技师。

大家都亲切地称陈江标为"标叔"。陈江标说当年他入行时，师傅收徒很少，却极严格。为让师傅收他为徒，把技艺传授给他，他吃苦耐劳，做事认真细致，头绪清晰。每一天，他工作长达12小时，晚上常把桌椅拼在一起睡几小时，然后起来为师傅提前做好一切准备工作；他常从长堤那里担泥土回来，混合煤渣，帮师傅搓煤饼；自己出钱买小苏打帮师傅把炉灶擦得闪亮闪亮，深得师傅们喜爱。

他广泛地向各类师傅拜师学艺，先后师从10多位师傅：向许东师傅学制作糕点；跟陈基师傅学煎炸技术；随梁煊师傅学习切配和打面技术；从梁焯师傅处学习瓦缸烧腊；向黄启师傅学习西式点心；向小炒王梁锡师傅学小炒。此外，他还师从容奇的陈梭、陈仕师傅学制酱汁虾饺、干蒸、灌汤包，向陈炎师傅学打面、做云吞，又师从余芬师傅学蒸煮技术。因此，他集各厨师大成，样样精通。

早在大明饭店当厨师时，同事们就称陈江标为"医生"。一个厨师为何有这样一个有趣的外号呢？陈江标说："以前的恩师大多数很保守，看人教技术。有的人即使虚心请教，师傅也可能不作答。所以同事的出品做得不理想，也不敢问，但如果同事问我，我就会尽力解答。因我觉得大家做好出品，饭店才会好。当然有时问我，我也不懂，就千方百计问各恩师，再讲给大家知。这样，我既帮助大家，又学到知识，一举两得，何乐而不为呢？所以到现在，我仍习惯乐于学习，自我提升。"就是这样，陈江标乐学、敢问、爱研究、助人为乐，同事们有疑难的问题都喜欢请教他怎样"对症下药"。渐渐地，大家就称他为"医生"——专门"医治"厨房的疑难杂症。

他认为饮食行业就是一间大学校，同行就是同学，一定有很多值得学习的地方。因此，他专门拜师学艺。工作之余，他常到外地游玩，在旅游中学习，结交饮食界朋友，与他们切磋厨艺，研究美食。他虽已是名师级大厨，可仍觉得一山还有一山高。因此，他退休10多年来仍乐于研究美食。

顾客至上　保证品质

陈江标除认真学习师傅的技术之外，也秉承师父的教诲——顾客至上，保证品质。陈江标说他初入行时，工商局对食肆检查、督促得十分严

■陈江标接受采访时比划着做菜的手法

格，强调不能欺骗顾客。行规要求点心要有质量、分量的保证，盈利控制在20%～22%。工商局检查时要查看店铺收下多少顾客的粮票，与店铺购买的面粉、米是否相当，发现有多出会被没收，店铺还要受批评。工商局也会监督对方用一斤面粉做10个包子，看有多大的一个，与店铺现买的包子相比，若发现超出分量，则说明制作时偷工减料，店铺也会受处罚。因此，陈江标做美食自始至终严守行规：顾客至上，保证质量。

为秉承顾客至上的宗旨，陈江标常鼓励团队逆向思维，设想"假如我是顾客，希望得到怎样的服务"，力所能及地做出让顾客满意的食品。例如，中式菜烧鹅、蒸鸡一般比较大盘，叫上一盘就不能再吃别的菜肴，不符合年轻一代的喜好，所以中式烹饪要向西式菜学习摆盘，将馇菜做精致。又如，传统的网油花卷、网油烧卖，会太油腻，现在喜欢养生的人不爱吃，可把网油改成网皮就大受欢迎。由此，他们创新一道网皮包扣肉，炸成脆皮扣肉，很受顾客欢迎。

保证食材的新鲜是顾客至上的前提，但是饭店难免会遇到难题，海鲜放过冰柜就不新鲜，如果这样蒸给客人吃，那么客人肯定给差评，会直接影响饭店的信誉和营业额，但是扔掉就亏本，如何是好？那就灵活变通，换种制作方式，可把冰鲜用盐、糖、味精、麦芽粉等腌制鱼，成为另一种美食。

又如，卖剩的面包将过期，再继续卖给顾客就不能保证质量，可把面包泡水重新调成新鲜的糕种（酵母）。这样就不会浪费食品，又把成本赚回来。

陈江标还强调，为保证食品质量，厨师要不怕辛苦。例如，现代厨房的科技工具虽能减轻厨师们负担，但不少美食还是要遵循传统做法才好吃，例如，蒸伦教糕，要有珠光面才好吃。为做出好吃的伦教糕，厨师在和面时，要加开水和煮开的糖浆；为求味佳，即使双手被烫红，也在所不惜。

顾客至上，能让顾客满意，是陈江标最大的快乐。陈江标回忆，20世纪80年代前，容奇水路交通活跃，到各地的曙光客船（拖拉船，又叫花尾渡）和红星船常经容奇，偶遇台风，就在容奇港暂避。有一次，长堤旅店曾志明主任三更半夜步行来通知他，有几个北方同志要吃馒头、花卷、葱油饼、白粥。他立马起床，按要求为客人做点心。客人吃完后开心地说："辛苦了，好吃，谢谢！"陈江标当时很自豪。客人给出国票、省票的粮票款，大家都好欢喜，留待需要时使用。因为当时物质缺乏，有国、省粮票到粮站能配到油、二级精面粉、二号米这些好东西。如今回忆，点滴在心头。

用心钻研　创出新品

陈江标还牢记师父的另一个教诲——用心钻研，不断创新，才是做饮食的出路。他说以前材料贫乏，乌鸡加肉丸炖汤就可招待外宾，可现在食材丰富，要在传统食材基础上，引进全国各地乃至进口食材，创出新菜式；传统调味要混合全国各地乃至西式调味品，创出新口味。烹饪方式要追求多样，除常规的煎、炒、焖、焗、炖之外，还有药膳、桑拿等。

他善于学习别人之长，补己之短。他举例说本地一些酒楼的盘龙鳝做得不好，客人要拿刀叉去切割开才能吃；但他一次去浙江温州游玩，吃到一道炸香鳝，炸得脆，色泽金黄，再淋上酸甜酱，色香味俱全。他马上取经，发现人家在切那个鳝鱼的时候是一片片斜切，骨跟肉几乎分离，只相连一点，所以上菜后客人容易夹断；他们炸鳝鱼时不光用生粉，还用粟米粉、面粉，三粉合一，就有奇佳效果。陈江标如获至宝，立马把秘方写下来。

他不但善于学习人家的长处，还乐于从他人的失败中吸取教训。有一

■陈江标说到厨艺还是手势不断

次，他去喝喜酒，一道蒜蓉蒸虾发霉不好吃，大家都埋怨，但他就自问：为何他们蒸虾会失败呢？他用心观察，亲自实践，一连苦思好几天，终于得出答案，把它记录下来：天气热，食材容易变质，宰虾前要先放尿；宰好的虾马上调味，要摊平散放，不能累叠一起；注意蒸的时间不可太长，蒸好后立马起锅，不能焗倒汗水。其中一个环节做不好，都会使整道菜失败。

陈江标对食物的创新研究很执着，觉得做饮食要随着季节而变换食材很重要。初夏时节，各种水果上市。他走在路上，看到路旁树上的水果、水果摊档的水果，他就不断思考：如何把水果制作成美食？可以创新做酿荔枝、酿龙眼，做酸甜排骨就用鲜柠檬、山楂创作复合味。每天的思考，形成不同的佳肴。

退而不休 无私授徒

陈江标有一个很难得的习惯——做笔记。他常把师傅的秘方和自己的经验记录下来，希望能把宝贵的经验传给年轻的厨师。有一次，他做胆囊炎手术，在家休息，也想着要做笔记，一连忙碌很多天。他累积的笔记有好几大叠。不过,他很后悔自己做的笔记没有具体地按点心、烹煮等去分类,有时候朋友要某方面的秘方,他可能要找比较久,因此,他打算花时间把它归类整理。

陈江标虽已退休10多年,可对饮食一如既往的热爱从未改变。2019年末,他和儿子陈志伟(顺德名厨,中式烹调二级大师)成立奇华副食商行和点心粤菜研究室。研究室不对外开放,只是自己内部用心研究点心、粤菜的材料、调料和烹饪技术,分别记录下来,无私传授给客户。例如,他们创新鸳鸯鹅、药膳乳鸽、飘香鸡等美食,并向某些饭店提供配料和制作的方法。虽然有的人得到他们的配方,不再向他们购买副食,但是他们觉得无所谓,只要能把顺德的美食发扬光大,他们就心满意足。

陈江标与时俱进,学会上网关注饮食信息,学会加入饮食协会微信群聊天。在群里,厨师们互相探讨厨艺,常有年轻厨师提出疑问,他这个厨房"医生"就经常耐心地给大家"诊断、下药"。如有人问陈江标:"我蒸的排骨怎么不香滑呢?"陈江标就细问他的做法,原来他用碱水、小苏打、肉松粉、麦丽素等去腌制排骨。陈江标就告诉他这样调味容易破坏排骨肉质,要选好的排骨,然后用八成盐腌制一个多小时,再飞水,蒸出来的排骨才会香滑。

厨师们觉得陈江标厨艺了得,又平易近人,常会上门去请教或邀请他亲临指导。陈江标总会无私地把他的笔记复印送给那些人,耐心讲解。因此,正式拜他为师的人不算多,但是他的徒儿、徒孙不计其数。陈江标比较出名的徒弟:梁卫民,后到马达加斯加开餐馆;廖国祥,为国家二级烹饪技师,先后在顺峰凌波、北京、武汉、广州等地工作,现在中山市海纳百川餐饮管理公司金色年华餐厅任行政总厨;冯星隹,先后在凌波、容莲宾馆、陈村华都工作。此外,比较出名的徒孙:许正魁,如今是嘉信城市广场粤潮粤顺及凤城粥铺的总厨;覃勉,如今为容奇君之悦酒家总厨;蒋福炳,今容桂龙景海鲜饭店总厨;谭国祥,今容桂猪肉婆私房菜副厨。

厨艺了得　倍受推崇

几十年的厨师生涯里,陈江标广泛学习,点心、炒菜、烧腊等样样精通,人称"通行老尊"。他先后获得广东省烹饪协会会员、广东省特二级点心师、顺德名厨、佛山市顺德区厨师协会荣誉会长、餐饮高级顾问、顺德容桂餐饮行业协会"餐饮工匠"等荣誉。因此，顺德县政府有重要的接待任务，或龙舟节、观音诞等大型活动，他常应邀出任大厨，做点心、制馐菜。

最让他骄傲的是那次经历：1988年全国第二届烹饪大赛在北京举行，顺德派出桂洲乐园的年轻厨师周礼添参赛。那时，他和几位大酒楼的大厨集中一起，成为周礼添的智囊团。他对周礼添酥饼的制作提出改良建议，将小酥做成大酥，并学习拿破仑酥、牡丹酥，外观更漂亮。后来，周礼添参赛的酥皮莲蓉和虾饺均获金奖。周礼添更作为特级厨师团代表到北京观礼，入住清华宾馆。

陈江标最拿手的点心是凤凰椰奶月。他曾在容奇供销社的糕点加工场当师傅，带领一班徒弟专做点心供应给各门市部销售。当年容奇有一个凤凰门市部，他就为此店创作招牌点心——凤凰椰奶月。1990年，他制作的该点心参加顺德供销社系统比赛中获一等奖。

厨政有方 追求完美

从打杂、学徒、厨师、经理，一步步走来，陈江标总是很虚心、宽容，从没跟别人争吵。他严格遵守师傅们的教诲，不过，当他成为师傅、经理时，他觉得现在的年轻人比较娇气，不像他们以前那么刻苦、经得起批评，现在的师傅不光要严格要求徒弟，还要照顾年轻人的面子。因此，他切合自己的经验，制定一套宽严并举、行之有效的管理方法：

首先，严格遵守上下班制度。外表要干净利索，头发不能长，常刮胡子；上班不能赌博，不能玩手机；做人要诚信，不能有小偷小摸现象。违者受罚。

其次，管人实行赏识教育。找卫生最差的人做卫生组长，检查卫生，让他知错能改；找经常迟到的人当值日组长登记出勤情况，促他早到；给最落后的人评进步奖，鼓励他上进。此外，他非常强调团队要有分工，也要合作，只有团结、协作才是一个优秀团队。

陈江标堪称餐饮界工匠，勤奋工作，执着追求，用心钻研，不断创新，对美食精益求精、精雕细琢，几十年勤奋不辍，终成名家。

第七节　一代名厨罗福南

扫码观看专访视频

罗福南：顺德大良人，1950年12月出生。

佛山市顺德区厨师协会理事长，顺德区创办饮食协会第一届、第二届会长，佛山市顺德区厨师协会第三届会长；顺德十大名厨之首，第一批注册中国烹饪大师、资深烹饪大师；荣获"全国优秀厨师奖"、"中国烹饪大师金爵奖"、中国厨师最高奖项"中华金厨奖"、中国烹饪协会名厨主业委员会颁发的突出贡献奖；世界中国烹饪裁判员、粤菜烹饪大师、高级烹饪技师，广东钻石名厨，佛山名厨。

自小喜欢烹制　专心钻研技艺

1950年，罗福南出生于顺德大良，父亲在北门粮站做销售粮油工作，母亲在北区办事处做组长兼服务工作，家里五兄弟姐妹，他排行第四。据罗福南回忆，小时候刚好遇上"大跃进"时期，大良很少人从事餐饮业；因生活艰难，大家无论老少都去北区文昌饭堂吃饭，但常吃不饱。读书时期，他喜欢看父母煮菜。十几岁时，他经常去步行街的文苑酒家看舅公和厨师做菜。

1968年12月，为响应国家号召，罗福南在勒流公社龙眼大队龙南一队下乡务农。下乡期间，他很喜欢看师傅"到会"，有时帮忙做切配。务农期间，跟师傅去"到会"。午饭二三十围，晚饭煮几十围，一天赚2元，他心满意足。1978年他到顺德中旅社从事一年基建工作，有时利用下脚料煮三围桌给工友聚餐。

20世纪80年代，他拥有一个进入中旅社厨房正式学习烹饪的机会，于是，他跟师傅学习技法。当时顺德中旅社是顺德县接待港澳同胞、华侨的接待单位。每次接待都请各镇名厨来制作菜肴。罗福南曾经跟冯佐、霍

■ 早年，罗福南喜欢到文苑酒家等店铺看厨师们做菜（顺德区档案馆供图）

尧、胡三、蔡老兴、龙华、潘豪、刘民和朱兆各位师傅学厨艺，在他们身上吸收到众多烹饪知识。当时没有系统的烹饪教学课程，下班回家后，他勤做笔记。"观摩学习，勤记笔记，虚心请教，实践总结"，这便是罗福南的学习方法。顺德菜经历代厨师演变，对粤菜贡献深远。

当时中旅社每月有几场接待港澳同胞华侨的宴席，请来各镇名厨，每人负责一两个菜肴制作。作为砧板工，罗福南终于有机会跟师傅学厨艺，笔录心记，集腋成裘。改革开放初期，顺德食材有限，多以本地河鲜、三鸟畜牧、普通干货为主，味料品种较少，高档次食材很难有机会制作。遇上老师傅制作高档食材，他都紧随旁跟，从不放过任何观察与记录的机会。回家后，他整理和总结记录。日后遇到相似食材，他一看笔记，多能心忆手追，烹制出来。有一次，中旅社采购到鲟龙鱼，重达一斤八两，中旅社负责人特意打电话请当时身在澳门的何贤先生回来品尝，霍尧老师傅亲自精心烹制出一道碧绿鲟龙鱼球，嫩滑腴润，骨头爽脆。大师傅的精湛手艺，罗福南至今仍无法忘却。

学徒时"要勤力，要肯做，不懂要问，师傅才会愿意教。我们希望被师傅骂，师傅关心你才会骂你，师傅骂才能学到东西"，即使师傅骂隔壁的师兄弟，罗福南也会认真倾听，以作诫勉。为学到更多知识，他常请师傅喝茶吃饭请教问题。不懂就问，虚心请教，师傅教授后就回去实操，罗福南终于练出炉火纯青的一身烹技。他认为，凡是学到手的技艺，都是自己的进步。

罗福南当时工作辛苦，待遇不高。每天很早起床，接着送女儿上学，8点半上班开始做准备工作，切配、备料等。除砧板工作之外，他也要给炉头帮忙，哪里忙就去哪里，厨房每一个工位也都会互相帮忙，务求完成每天的任务。至今，罗福南依然能清晰地记得自己当时的收入只有33.5元，而他太太有37元，家庭的责任与对未来的憧憬催促他更奋发自励，一路向前。几十年间，罗福南太太无私协助，包罗家务，令丈夫得以潜心厨艺，如今回首，罗福南仍感恩不已。

砥砺前行　不断攀升

20世纪80年代，要考取厨师证需满一定工作年限，且具备相应经验，入行多年的罗福南硬是从三级、二级一直考到一级。在中山考一级厨师证时，题目是制作盐焗鸡，他没学过做这道菜。因安排在第三批考试，罗福南灵机一动，先到厨房看看其他考生如何制作。因有一定基础，他一看就知道盐焗鸡的制作方法：宰鸡、放血、开肚、清洗，下水时水温要控制好，否则影响卖相，然后吊干水，腌制调味后用砂纸包起，粗盐炒到大热，将部分盐勺出来，放包好的鸡下锅，再用刚灼出来的粗盐盖住，慢火焗30分钟后鸡熟则可。罗福南观察别人制作后，应考时沉着冷静，他不仅考取到证书，也学到一道新菜式。这段小插曲，罗福南至今仍记忆犹新。

20世纪90年代后，厨师考试与国际接轨，厨师证改为分初级、中级、高级、技师、高级技师五个职业技能等级，考试内容为笔试和操作。其中，操作分指定和自选，还会考开菜单、答辩、论文等，分数合格才能拿到证。罗福南在考试前花了很多心思准备，其中包括复习三级内容。功夫深处独心知，他果然一举中的，在北京考取到高级技师资格。

10多年的学习成长，罗福南的成绩慢慢引人注目。1985年，他获调到营业部做营业员，负责开菜单，后升为副部长。中旅社转制后，他升任饮食部副经理，后任饮食部经理。在罗福南的精心打理下，中旅社的饮食生意蒸蒸日上。其间，罗福南还曾主理国家领导人及市政府重点接待任务，他更精心准备顺德地方特色菜，如野鸡卷、焖大鳝、油菜拼盘、小食等，深获好评。

回忆起在中旅社近14年的磨砺经历，罗福南感慨万千。

创业顺峰山庄　走出辉煌道路

1991年9月，顺峰山庄管理高层经调查与了解，看中业务能力过硬的罗福南，高薪聘请其担任总经理。放弃辛苦打拼多年的国有企业管理层职位，到一家开业不久的私企工作，罗福南竭力说服家人。虽然当时他收入已升到3000元，比做厨师时翻了几倍，但作为锐意进取的顺德人，他更看中新东家更广阔的发展空间。

事实证明，罗福南的选择明智和深远。

加入顺峰山庄后，罗福南成为集总经理和高级厨师为一身的顺德第一人，工资每月1万元，当时轰动整个顺德县。随后，也正式拉开他在私人企业16年的创业序幕。

当时罗福南独自一人从中旅社到顺峰山庄工作，凭借着在中旅社当饮食部经理的管理经验和厨艺，在顺峰山庄顺利展开工作。

作为顺德山庄的总经理，罗福南有时亲自下厨教学，但他会常到厨房指导，并自己去市场采购。他认为，要煮出好菜，物料是关键，自己本身是行家，对此不严格把关的话，不仅对公司不负责，对顾客也是不负责任。

为留住客人，提升营业水平，顺峰山庄每个月都会推出八至十个新菜品。罗福南带领团队不断研究、交流，发掘传统，令顺峰山庄的生意日益兴旺。

开发试制新菜品时，罗福南先写好菜名，主料、配料、味料、料头、制作过程，然后请厨房主厨、砧板、打荷不同工程的员工等集中起来观摩学习。他边煮边讲，加深印象。试制后，再找领班、营业，经理、主管等试吃，试吃时会给每人发纸笔，让大家边吃边写意见，直到大家的反馈意见都是满意后，才推出菜品。

新菜品推出后，还要经过客人意见收集、行家点评等环节。厨房主厨每天上班后看意见簿并签名，及时做调整。客人下次再来时，发现有改进，就会感受到店铺对他们的尊重。为让顺峰山庄的厨师获得更多学习机会，罗福南常带伙计们出外学习，邀请中山周边地区的行家点评菜品，互相促进。"做饮食一定要通过交流、实践才能进步，客人给意见的才是真正关心你店铺经营的人"，这也正是罗福南经营餐饮业多年的心得。

新菜品的开发并非总是一帆风顺。20世纪90年代，罗福南因应社会消费力，改良师傅康辉的原创菜银针桂花翅，将鱼翅替换为蟹肉，再添加瑶柱、银芽、粉丝、鸡蛋等，一试成功。他创制的菜式七彩烧汁柳，成为其代表作之一。有一次，罗福南在香港品尝到一道鲍鱼，深觉味道不错，回来后反复研制，效果总不满意，直到后来他遇到一款新卤水，反复搭配调味才大获成功。此外，水鱼炖翅的食材较名贵，售价为每盅380元，但因传闻水鱼以药养大，由此，售卖深受影响。由此可见，天时、地利、人和的关系不可小觑。

新菜品的推出除引来追捧的食客之外，也会引来同行模仿。餐饮业消息很灵通，哪家店的新菜品好吃，大家就会去试吃，互相学习。由于罗福南的菜比较有特色，因此很多人过来顺峰山庄交流，争相模仿，如无油鱼汤杂菜叶推出后没过多久，广州的饭店就开始销售此菜。

"质为本，味为先；分量适中；人无自己有，人有自己要精。"在罗福南眼中，这是顺德菜的精粹。"质为本"，即采购、菜品、服务的

■ "中国粤菜烹饪大师"的称号是国家对罗福南粤菜造诣的高度评价

■ 罗福南不遗余力地推广顺德美食

质量，这是饮食业的根本；"味为先"，即原材料一定要新鲜，选好料；"分量适中"，即不要浪费，响应国家号召；"人无自己有，人有自己要精"，即人家有的菜，也要超越他人。

20世纪90年代，食材品种丰富、采购渠道多样，还能在外省、港澳、国外进货。伴随着养殖技术的提高，食材的肉质也发生变化，难以像过往传统菜一样原汁原味烹调。例如，鳝需先用盐腌制，使肉质更硬，并加入调味品、酱汁做补充调整，以改善口感。这对酱汁的调制技艺提出更高要求。在罗福南推荐下，顺峰山庄联合五六家饭店聘请精通酱汁调制的香港厨师研发酱汁。除此之外，他还会通过自行研发和行家推荐等方式为每道菜搭配最合适的酱汁，以求味正汁当，相得益彰。

原材料、味料、酱汁的烹调技艺改进后，罗福南带领团队屡获殊荣。

正因技精艺深，他本人于1988年在佛山市第一届美食节凭"凤城四杯鸡"获金奖；1989年佛山市第二届美食节凭"绿豆扣田鸡"获金奖；1990年佛山市第三届美食节凭"红颜冬瓜夹"获优胜奖；1997年首届凤城美食节凭"水鱼炖翅"获金奖，"清蒸苏眉头腩"获银奖，"煎焗大连野生鲍鱼"获优胜奖；2001年参加中国首届"粤菜烹饪技术大赛"获团体金奖、展台金杯奖；2002年代表顺峰山庄饮食有限公司参加马来西亚举办的第四

■ 罗福南获"中华金厨奖"。这是全国烹饪饮食界最高荣誉奖项，旨在表彰他在美食管理、烹饪技艺等领域的杰出贡献

届中国烹饪世界大赛获团体金奖，同时，中国烹饪协会让他在马来西亚现场表演制作顺德菜；2006年荣获"中国烹饪大师"称号；2008年获"中国烹饪大师金爵奖"和中国厨师最高奖项"中华金厨奖"，当之无愧地成为顺德厨艺界德高望重的大师级人物。

弘扬顺德美食　传授粤菜精华

步入花甲之年的罗福南，还到世界各地宣传顺德美食。2011年，受顺德外事局委派，他与连庚明、林潮带、何锦标代表顺德前往美国北卡大学孔府学院宣传顺德美食，也到外省、港澳台、外国宣传顺德美食。

2010年，为申报"世界美食之都"称号，顺德旅游局请罗福南、麦盛洪、何锦标、孔庆聪代表顺德，前往法国科教文总部烹制酿鲈鱼、四杯鸡、七彩烧汁鳝柳、姜撞奶、炒牛奶等顺德地方特色美食。因条件有限，没有明火炉，只有电炉，同去参加申报的个别地区被迫选择放弃，而罗福南等顺德厨师灵活利用电磁炉制作炒牛奶、姜汁撞奶，让现场品尝的法国人和华侨都赞叹不绝，深感神奇。

■ 致力深研顺德美食的罗福南

正所谓"食在广州,厨出凤城",指的是顺德厨师灵活、变通,有着过硬的基本功,会根据所在地,尊重当地口味偏好,做适应调整,而且,顺德人对每种食材部位、适宜做什么菜、适宜的烹饪方法、用什么火候、用什么配菜或味料更独具心思。因此,餐饮业管理高层会优先到顺德招聘厨师,很多顺德厨师在全国各地,甚至世界各地皆担当重要角色。

在颐养天年之际,罗福南为培养粤菜储备人才,从管理者转换角色走上教坛。2014年起,罗福南任佛山市顺德区厨师协会名厨学堂主任,2018年,广东省开始推进"粤菜师傅"工程,在凤厨职业技能培训学校(顺德美食文化体验中心)成立罗福南粤菜大师工作室。罗福南将沉淀50载的粤菜技艺倾囊相授,坚持每周开班,至今学生已超2000人。来报名的有本地、周边地区、同行、外省的人,有的甚至连续报了7期,学成超过150多个菜后,依然继续报读。此外,罗福南还走进社区、学校教授厨艺。

"现在的学生幸福多了,由老师做系统教学,每人拿到一份表,上面写有原材料、配料、料头、味料、制作过程等,现场演示,即时品尝。"

罗福南还会留电话,方便学生课后不懂的能及时沟通。这些细致的工作,全因罗福南希望后人能继续将顺德美食发扬光大。

中华美食的烹饪技法自古都是由师傅带徒弟而得以传承创新、发扬光大。国宝级烹饪大师康辉于2005年开中国当代餐饮业拜师收徒典礼仪式先河,千里挑一地遴选出十数名顺德籍厨师作嫡传弟子,罗福南也在其中。

2019年12月3日,在顺德厨师学院,22名"徒弟"向罗福南郑重地行拜师礼,正式成为"罗家班"的成员。罗志坚、孔庆聪、麦盛洪、马澄根、关永忠、高蓝洋、刘万龙、曾纯辉、罗志恒、梁伟英、何鑫、朱向军、冯远日等顺德甚至是国内餐饮界名厨和精英,皆入其门下。如今,有的已到全国各地发展,更有的已经走上厨艺讲坛,教授年轻后辈学习厨艺。

罗福南桃李满天下,提到对徒弟的要求,他说:"厨师最大的使命,就是把顺德饮食文化传承发扬、改良创新。"

弘扬顺德饮食文化,这正是一代名厨罗福南这辈子都在坚守的事业。

■中国烹饪协会授予罗福南"中国烹饪大师金爵奖",以表彰他在粤菜研究、技艺、推广、传播的贡献

第八节 粤菜教头黎永泰

> 黎永泰：1950年出生，顺德容桂人。
>
> 中国烹饪大师，中国烹饪协会名厨委员，世界国家职业技能竞赛裁判员。

择一业修身 专一艺明德

他是众人尊敬的黎老师、黎校长，有"广东粤菜黄埔军校总教头"雅称，可他说："闻道有先后而已，我更喜欢别人叫我'泰哥'，平和亲切。"

他是名动于时的烹饪大师，出版过数十本烹饪专著，可他说："学无止境，我一直在学习；厨艺易学难精，我一直在思考如何做得更好、教得更好。"

他是首届粤菜师傅大湾区厨王大赛决赛总裁判长，曾在省内外多个重量级烹饪大赛担任评委，获得业界一致认可，可他说："无他，做人做事但求踏实公正，同一标准、同一尺度自然公允。"

他就是在厨师职业培训教育岗位上奉献46年，至今仍坚守在顺德厨师学院教育一线传道授学解惑，并领衔指导粤菜师傅工程厨师队伍建设的黎永泰。

学以致用 择一业以修身

20世纪70年代，社会风起云涌。和大多数梦想"仗剑走天涯"的城市知青一样，黎永泰以投亲靠友的方式，从广州来到顺德桂洲镇大福基大队，开始为期五年的知青生涯。

■ 致力烹饪技法与粤菜人才培养的黎永泰

　　放下身段，凭借多年读书积累的文化知识和学习能力，黎永泰很快成为大队会计，并学会拖拉机驾驶和维修，所得工分排名全大队前五名。然而，"人往高处走"的雄心壮志并未在艰苦的农事劳作中消磨，反而越来越强烈。1973年，得知广州市服务局招收服务中专学生，黎永泰认为必须把握这个返城的唯一机会，经过向大良知青办努力申请，在日间努力劳作后利用夜间认真备考，他最终为广州市服务行业中等专业学校所录取。

　　从一开始的踌躇满志，到得知录取结果后的忐忑、彷徨，黎永泰坦言，当年他曾很武断地认为，餐饮服务业就是"十年寒窗苦，一朝揸（拿）茶壶"。

　　如果说，当时入行，是形势所逼、情非得已，那么后来的学习和留校任教，则是情之所钟、志之所至。黎永泰说："当年学校在东华东路，小而简陋，只有两个课室。前面卖早点，后面做其他企业的办公室。入学第一课，是认认真真学习服务意识。此后的专业课，授课老师全是粤港澳知名厨师和点心师。我也就在当时'老行尊'王瑞、罗坤等大师傅的言传身教下，逐渐认准自己的职业发展方向，激发出对烹饪行业的热爱。选择这一行，是偶然，也是必然。我没有入错行，因为餐饮业无论在哪个时代都是刚需。人必须把握机遇，不能怨天尤人。"

两年后，和他同为学校第一届毕业生的同窗，都成为行业中的"长短剑"。所谓长剑，即餐饮企业行政领导；短剑，则是掌厨的技术骨干，俗称"行政总厨"。而黎永泰"仗剑走天涯"的少年梦也终于实现。学有所成的黎永泰选择留校任助教；又两年，他手执锅铲独自任教，主要教导粤菜；此后数十年，他在厨师职业培训教育岗位上越走越远，越走越深。

"古人学问无遗力，少壮工夫老始成。纸上得来终觉浅，绝知此事要躬行。"这是陆游晚年对读书的感悟，也是黎永泰在厨师职业培训深耕四十余年的心得。

从广州市服务行业中等专业学校、广州市旅游职业学校、广州市旅游商务职业学校，再到顺德职业技术学院，从一线教师、专业导师到学校校长，黎永泰的工作场所、工作岗位多次发生变化，而"凡事全力以赴"的工作宗旨却始终未变。

"1975年我带着学生到大同酒家实习。当时它是广州五大酒家之一，说是带学生，我更看作是在实践中的自我锻炼。每天凌晨4点，我已和学生

■ 黎永泰参加各种论坛，推广粤菜

来到点心部，从点心制作到托盘叫卖，我都亲力亲为。无他，在餐饮企业里我也是实习生，把理论和实际相结合，才能实现教学相长。"

对学生的培养，除却学校的教学，更重要是在企业实践中的提高。数十年来，黎永泰一直和餐饮企业紧密联系，也非常注重在实践中提高自身的素养和技艺。也正是因为他凡事全力以赴，组织多次委以重任：1990年，受国家商务部委托，担任全国第一届青工赛评委；后又获荐为中国烹饪协会名厨委员，从二级评委、一级评委到全国职业技能裁判员。学校几十年间为社会培养和输送大量烹饪人才，社会各界称其为"粤菜师傅的摇篮""粤菜烹饪的黄埔军校"，而黎永泰更被尊称为"粤菜教头"。

2005年，顺德职业技术学院筹建酒店与旅游管理学院；2007年，开设烹饪专业。2012年，黎永泰从学校校长岗位退休，受聘到黄埔区华苑酒家从事餐饮管理。同年，顺德职业技术学院与马来西亚UCSI大学共建顺峰烹饪学院。2013年，黎永泰临危受命，来到顺德职业技术学院参与学院的筹建和专业设置方案的全过程。2014年，顺德职业技术学院再与中国烹饪协会共建中国烹饪学院；2018年，成立顺德厨师学院。直至2021年，黎永泰一直全身心参与到烹饪学院的建设和教学中，包括项目申报、人才培训、学历培训等。"除非不做，要做就必须全力以赴，做到问心无愧。在四十多年的教学过程中，通过教学，也通过在企业锻炼，我对餐饮行业，特别

■ 黎永泰将自己的教学生涯娓娓道出

是烹饪教育，已经视作终身爱好，这大概就是'越是深入便越是深爱'，所以退休这么多年，我总是不舍得离开这个行业。"

学以致用，四十六年如一日从事烹饪教学，致力于饮食文化研究与弘扬，致力于烹饪技艺传承与创新，烹饪教学于黎永泰而言，是一种职业，更是一项事业，一项甘之如饴的兴趣和矢志不渝的爱好。择一业，终一生，一心精益求精，务求尽善尽美，这也许就是黎永泰成为粤菜教头的根本原因。

全力以赴　专一艺以明德

心心在一艺，其艺必工；心心在一职，其职必举。经过四十六年的时间与实践的历练，黎永泰早已成为烹饪界理论与实操的专家。

厨艺易学难精，不能一蹴而就，也非朝学夕会，若非心到手到，全力以赴，很难学精。

要学精，必须从低学起。所谓"低"，即基本功。"当年我们学厨，从打杂开始，凡事亲力亲为，敬业乐业，自己用油桶造炉，自己用锤，自己砍柴。所以我希望学生要珍惜现在学厨的环境条件，养成认真敬业的作风，并在日后的职业生涯中积累'脚踏实地、从低做起'的优良厨德。"为此，黎永泰曾建议将"造炉"作为学厨的第一课。

要学精，必须从细学起。所谓"细"，即细微之处。"学习厨艺，课堂上要尊重老师，学好理论；到企业实习时要卖力，又要懂得与师傅沟通，用心认真看师傅的每一个细节、每一个工序，亦即'偷师'。"黎永泰认为，最难偷师的，都在看不到的地方。"比如火候的掌握。外行人看炒菜，认为镬抛得好就可以，但更重要的是学会掌握火候。开鼓风机则猛火，要文火则必须关，这些都是容易忽略的细节，但这恰恰是火候控制的关键。实操中，必须凝神聚气，融会贯通。"为学到这些细节，虽然在实习过程中与老师傅隔着工作台，但黎永泰和学生们都经常伸长脖子去看门道。"我们真的好认真，生怕落下师傅的每一个细节。"

要学精，还必须学会归纳总结，融会变通。"顺德是广府菜最主要的发源地，顺德菜烹饪技法有蒸、煎、焖、炖、焗等二十多种，单是'炒'，就很能体现厨师的水平。只有原料搭配得当、刀工均匀、镬气足

■ 专心传授粤菜文化精华是黎永泰推广粤菜的重要工作，也是他深感意义重大的事业

够、调味恰当，才是一道成功的炒菜。顺德炒菜与众不同的地方在于'镬气'，要炒出镬气，必须做到'稳、准、狠、快'，急火猛炒，快速上碟。"对于顺德知名的"炒牛奶"，黎永泰认为，炒牛奶属典型的软炒法，外界一直认为很难学会，但只要掌握方法、掌握火候，并不难。一般蛋白越多，越容易炒凝固，坊间的炒牛奶大多蛋白与鲜水牛奶的比例是4:6，而顺德传统的炒牛奶蛋奶的比例是2:8，更必须做到'稳、准、狠、快'。"

"对于顺德最传统的蒸鱼，同样讲究。鱼要饿肚，肉才结实；现杀现蒸，鱼身抹净；用葱垫起鱼身，保证均匀受热；大火水烧开入镬；猛火蒸，视乎鱼种类和大小确定蒸的时间；准确判断鱼的生熟，忌未熟再蒸，也不宜过火；若眼凸、背部皮裂，或碟底的汁液清澈，可判断鱼熟；最后倒掉汁液，爆香姜葱，调制豉油淋面即可食用。"

"食客可能只食味道，但作为一个厨师，还必须注重和总结烹调的特色、技法。"

说到顺德菜的独特处，黎永泰深有感触："我归纳汇总过，大致有以下几点：第一，原产原烹，多以本地普通大众食材为主，烹制具有本地口味风格的菜肴；第二，菜肴制作善于运用简易便捷的烹调技法，以保存食材的特质性味，如炒、焖、蒸、煎、焗、焱、炖、煲、炸等；第三，菜肴追求原汁原味，不过分添加浓烈的调味品调味，多以调入适量糖提鲜，一般炒菜用砂糖，焖菜用黄糖，卤菜用冰糖；第四，追求热菜热食，冷菜冷食，不失其理；第五，讲究火候变化运用，灵活掌握，绝大多数菜以断生仅熟为度；第六，装盘简单实际，不追求过分装饰做作而影响菜品的热度、质感，不喧宾夺主，突出菜肴主料的形象和特点。"

顺德处于改革开放前沿阵地，受到多种外来文化包括饮食文化的不断进入和冲击。全国各地多种菜系，乃至东南亚风味、西餐都在顺德发展。顺德菜未来的发展方向如何？对此，黎永泰说："这是我一直在思考的问题。在多种菜系包围下，顺德菜的发展应侧重于以下几个方面：一是食材挖掘，没有好的材料做不出好菜，因应桑基鱼塘逐渐减少的现状，可多渠

■ 晚年回到家乡发展顺德美食的黎永泰

道、多领域引入食材，比如河鲜、海鲜等。二是在传统基础上改良创新。顺德是家具、家电之都，炊具、厨用电器层出不穷，可应用到烹饪上。比如，以前我们制作鱼腐，手工打蛋液是一个辛苦耗时的工序，现在改用打蛋器，既快速，蛋液也更均匀细腻。三是推进企业标准，这是企业不受限于某个厨师而促进企业稳定发展和菜品质量稳定的保证。四是加快本地烹饪人才培养，现在每个镇、街的职校都开设有烹饪专业，从小接受顺德本土文化熏陶的厨师，更能做出具有顺德本土风味的顺德菜。"

说到自己的老本行烹饪教学和担任相关的烹饪比赛评委，黎永泰的话意味深长："我教学要求严谨，课室整理好，我再走向讲坛，如果实训教学则要求所有工具、调味料就位才开教，这就是要培养一种职业习惯，我觉得这也是为了学员好。""我总跟学生和选手说，一次技能大赛，可能改变你一生。获得好成绩得到社会认同，得到企业重视，既是对自己的鼓舞，也是一次重要的演示和总结机会。从优秀走向更优秀，从生疏走向成熟，只要肯坚持，那肯定是人生中一个重要的转折点。""在比赛中，要持平常心，抱着一种我是经过训练出来的自信去参赛。患得患失，必定会失误。"黎永泰的肺腑之言，亦是他自己的人生态度——努力把握人生每一个机会，也许它将成为你人生里的一次重要转折点。

不忘初心，做到极致，是黎永泰的从业操守。想来，所谓名厨，大概就是像黎永泰一样，择一业修身，专一艺明德。一心一意，心手相连，每一碟令食客食指大动的佳肴，都蕴藏着他们的心血与智慧；每一碟推陈出新的菜品背后，都凝聚着他们对岁月与人生的深刻理解。无论是传统还是创新，菜香缭绕之间，呈现的是技艺，是初心，还有追求。既是技艺的传承，也是灵感的闪耀，更是对美好的追求，这些恰恰就是美食所承载的内涵吧。

第九节　追求本味梁荣果

扫码观看专访视频

梁荣果：人称"果叔"，1950年出生于杏坛高赞，1959年就读于大良，1965年从伦教羊额顺德财贸干部学校毕业，1966年分配到顺德县饮食服务公司容奇点大明酒楼厨房部从事厨师工作。

1973年，参加厨训班，后在广州北园酒家观摩学习半年，师从当时北园酒家首席厨师、特级厨师黎和。

1984年，出任容山酒家饮食部经理。1987年，任桂洲宾馆厨房部负责人。1991年，任容奇南环酒店出任总厨。1992年后，曾任职东莞、苏州粤菜馆。

1991年代表顺德参加在香港东方文华酒店举办的第一届顺德美食节，推广顺德名菜酿鲮鱼、炒牛奶。1995年代表顺德参加在香港东方文华酒店举办的第二届顺德美食节。1997年作为表演嘉宾代表顺德参加由《星岛日报》在加拿大及香港举办的101席顺德菜慈善基金筹款宴。

现为特级厨师。2017年获"餐饮工匠"称号。

杂工一干就十年

梁荣果16岁从财贸干部学校毕业后被分配到大明酒家，一开始在厨房"打下手"（当助手），"每天7点多8点上班，一上班先到楼面帮忙卖点心，早茶收市后就回到厨房通鸡肠、洗猪肚猪肺、洗碗、洗菜、洗肉、搓煤、通渠，什么都干，一直到晚上8点才收工，一干就是十年"。

梁荣果说当时的厨房师傅很看重学徒的品行，"肯干、勤奋、不怕吃亏"是必备条件，"贪威、练精、学懒"的学徒不受欢迎。

"当时有活干、有工资收而且有不错的生活环境是很难得的"，他十分珍惜来之不易的机会，并心怀感恩地工作。尽管杂工并不能很快学到菜式，但能让自己修炼到扎实的基本功并保持谦逊心态。

难忘恩师是黎和

在大明酒家期间，梁荣果很庆幸能与梁煊、黎俩、杨肇、陈南等多位师傅共事，有机会向他们学习技艺，而促进自己厨艺猛进的不得不提20世纪70年代参加的厨训班。

当时梁荣果脱产学习，先集中学习理论，再到广州的先进酒家跟岗学习半年。梁荣果被分配到北园酒家并师从黎和。黎和为北园酒家首席厨师、特级厨师，1983年获评"全国优秀厨师"，享有"粤菜大师"之称。

黎和师傅手把手教导他们，且毫无保留地相授烹饪技巧。同时，也让他们协助大型筵席。梁荣果的厨艺、厨政因此有了长足进步，为他后期专业化发展奠定扎实的基础。

话说当年制菜单

梁荣果说，以前都是由厨房部出菜单，且每季变换，一般酒楼都有"四季菜单"。忆起自己出任饮食部经理，正因拥有扎实的厨房基础，他才能灵活变通，写出科学搭配、激发味蕾的菜单。

■ 精湛的厨艺，令梁荣果名扬香江

■ 说到昔日的厨艺生涯，梁荣果平静中散发着自豪

　　他提到简单的原则包括：先冷荤再热荤；先爽口菜、小炒再到汤或羹，最后才出味浓的菜肴或海鲜类菜式。冷荤是指卤掌翼、卤猪舌等。肉类尽量不重复，如有鸡，就不会再用鸡肉做小炒；有鱼饼，就尽量不再安排鱼球。

　　梁荣果提到不少菜式现在酒楼都不再售卖，有的是因原料质量下降、有的因工序多、烹制麻烦。如酒楼以前有陈皮大鸭、八宝糯米鸭、蒜煮扣鸭、绿茸大鸭等多个菜，但现在除却烧鸭，其他菜式基本消失。他认为主要是现在的鸭吃饲料为主，质地不同，导致品质不能保障。因此，以前的与鸭有关的菜式难以为继。

物尽其用求本味

梁荣果回忆道，过去由于物资匮乏，厨师绞尽脑汁想菜式，一种食材做出几道菜，最大限度地物尽其用。仅以大鱼头为例，就有蒸鱼嘴、煎焗鱼头、鱼云羹、炒面肉、酿鱼头等菜式，各种菜式无不体现着人们对本味的追求。顺德菜讲究原料的季节性，如"不时不吃"，他们吃蔬菜要挑"时菜"，吃鱼就有"春鳊秋鲤夏三黧"的说法。"五味调和百味香"，梁荣果说在过去基本只用姜葱、蒜头作料头，只用油、盐、糖、南乳或腐乳等调味，不像现在添加各种酱，如花生酱、芝麻酱。"追求清淡、追求鲜嫩、追求本味"的顺德滋味推动着一代又一代顺德厨师改良菜式、精进技艺。

新时代里新发展

谈到顺德菜的发展，梁荣果笑说现在变化发展很快，瞬息万变，他也担心自己跟不上时代。他认为不同的时代有不同的发展，如物质匮乏年代的粗料与现在的粗料也有差异。

谈到厨师断层，他觉得现在人们文化程度、收入水平、生活水平提高了，生活不像以前艰苦困难，本地人确实有更好的工作和生活的选择，不只是从事厨师一职，但他也看到随着顺德的发展、外来人口的流入，不少愿意学习和烹制顺德菜的外地人厨师来到顺德，他们自带的烹制方法和味料的融入与顺德菜相遇，或许会带来一些不一样的火花。

第十节　厨界大师林壤明

> 林壤明：顺德陈村人，1950年出生。
>
> 获得国际烹饪比赛金牌、全国烹饪大赛金牌、全国五一劳动奖章等。
>
> 世界烹饪比赛评委、中国烹饪比赛评委、全国技术能手、中国烹饪大师、广东省十大名厨。

从不认识到认识　再到热爱

林壤明，头顶着无数光环，是粤菜厨师界鼎鼎有名的大师，无数年轻厨师以能拜师他门下而感到自豪。

精瘦、幽默、思维灵敏、行动矫健，是林壤明给人留下的第一印象，在他身上完全看不到那些荣誉、光环的影子。当别人夸赞他的时候，他总说："那都是过去的成就了，我只是一名普通的厨师，不过比一般人经验更丰富一些罢了。"

回顾起自己多年的厨师生涯，现年71岁的林壤明笑着说："自己对烹饪那可谓是做一行爱一行，经过了一个从不认识到认识，再到热爱的过程。"

1975年以前，林壤明从没想过自己会成为一名长年与油盐酱醋打交道的厨师。那时候的他跟随汹涌的下乡潮回到老家顺德当插队知青。因有文化基础，他在大队里担任会计、计分等工作。1975年，林壤明得到一次回城读书的机会。那一年，他被父亲送到了广州市服务行业中等专业技术学校就读烹饪专业，那是他第一次正式接触烹饪。在此之前，林壤明对烹饪可谓一无所知。

三年后，林壤明毕业，分配到广州泮溪酒家工作，但那时的他仅拥有着系统的理论知识，动手能力弱。为让自己尽快适应厨师工作，林壤明工

■ 林壤明厨艺高超，得到国外专家赞赏

作之余，自己加练，同时，结合自己理论知识强的优势，将理论与实践结合起来，很快就能在厨房的各个岗位独当一面。

1983年，广东省烹饪行业技术职称恢复考评不久后，他就考取了成才路上的第一个专业职称——三级厨师。这时的他，觉得自己刚刚对厨师这个行业拥有初步认识。

如何才能在厨师行业创出自己的一片天、走出自己的路子，是林壤明一直在思考的问题。

在泮溪酒家工作的那些年，林壤明发现那时的粤菜在装盘方面有很大提升空间。于是，林壤明利用自己幼时曾学过的美术知识，想办法将美术运用到食品雕刻和食品拼盘方面。

在一次接待外国贵宾的宴席，林壤明首次在冬瓜盅上雕刻出一对可爱的大熊猫图像，为传统粤菜增添别样风采，此举获得贵宾的认可与好评，更激发他对烹饪的热爱。此后，林壤明更加明确自己的发展方向，以敬业精神结合自己的聪明才智，在专业技术上不断突破，精益求精。最终，林壤明成为厨艺界令人敬仰的大师。

参加烹饪大赛　屡获金牌

在技术上取得成绩后，林壤明开始在各种比赛中大显身手。

20世纪90年代初，林壤明经推荐选拔，成功入选中国烹饪代表队，并作为主力队员前往德国卢森堡参加国际烹饪大赛。回忆起那次出国比赛，林壤明说，除却器材不熟悉、气候不适应、比赛条件艰苦外，最大的困难就是食材匮乏。

那一年，林壤明准备参加比赛的菜式需要用到广东的大冬瓜，但在德国根本找不到符合要求的冬瓜。为此，林壤明在做好各种手续后，用自制的带滚轮行李袋装上两个几十斤重的大冬瓜，随身携带，周转五六趟飞机前往德国参加比赛。

最终，在那次比赛中，林壤明以精湛的刀功和热炒技法获得满堂喝彩，并以两个象形菜式"孔雀开屏""菊花鱼"获得珍贵的金牌。其中，

■ 林壤明自我突破，频频获奖

■联谊四方，推广粤菜文化

"孔雀开屏"还被大会评判团选定为下一届世界杯烹饪大赛宣传画册的封面，令不少外国厨师刮目相看。

除自己参加比赛，年轻时的林壤明还经常带队外出比赛。

1993年，林壤明任队长，带领广州代表队参加全国第三届烹饪大赛。在他带领下，广州代表队的出品凭借出色的设计、鲜明的广府特色及过硬的品质获得金奖。

结合当地特色　开发新鲜菜式

在泮溪酒家担任行政总厨期间，除做好大众菜式，如何开发创新菜式也是林壤明的重点工作之一。

"接地气"可以说是林壤明创新菜式最显著的特点之一。每一套宴席他都能从人文历史或风俗人情中找到出处。

在他的带领下，泮溪酒家的厨师团队每年都成功设计、创新出一套新宴席。"八仙宴"是依据中国民间神话八仙故事而设计的；"花仙宴"是结合广东鲜花繁盛的特点而设计的，以十多种鲜花入肴；还有以广东各地方菜为主题，经提炼集中设计出"田园风土宴"。此外，他们以广州老城区西关地区的历史典故为依据，制作出"西关风情宴"。

这些宴席或有着浓浓的地方特色，或体现着深厚的文化底蕴，或洋溢着超前的时代气息，每一宴都获得食客的无数好评。

其中，"西关风情宴"从到奉美点开始，到拼盘、热荤、汤菜、主菜，末了以小食结束，整套宴会紧扣主题，前后呼应，一气呵成，每一道菜点都引述出一个西关故事，展现文化深厚的西关风情，加上厨师们运用的拼、扣、炖、炒、卤、炸、蒸、焗等多种烹饪技法，以及着意"对号入座"的装盘修饰，令客人们在进食间犹如置身于西关的名胜景点。同时，更能充分品味历史文化与现代饮食相结合的精妙和意义。泮溪酒家也从此在地方文化与美食传播中走出一条道路。

培养青年厨师 传扬粤菜文化

粤菜的传承与发展需要一代又一代人的共同努力。林壤明深知，做好青年厨师的培训，尽心尽力培养下一代厨师，才能更好地传扬粤菜文化。为此，林壤明一直十分重视下一代厨师的培养工作。

多年来，林壤明培养的粤菜厨师不仅有本地的青年厨师，还有来自全国各地的同行，为传播粤菜文化付出了不懈努力。

退休后，林壤明没有离开厨师行业，依旧十分关心下一代厨师的培养。在2014年，林壤明与广州市白云工商技师学院合作，成立林壤明烹饪大师工作室。每年招收高职、大专类学徒近300人，经过一年培训，最终选拔出8名学生拜师名下。至今，通过该工作室选拔出来的徒弟不下50人。

对于徒弟的选拔，林壤明拥有一套自己的标准。

首先要考察的就是学徒的思想品德，

■ 林壤明对粤菜的造诣与贡献，倍受关注

■ 说到粤菜，林壤明滔滔不绝

以及对烹饪的热爱程度。林壤明说，厨师不是一个轻松的行业，很多人不久就转行。如果不是对烹饪有着足够的热爱和坚持，没有办法在这条道路上长久地走下去，并有所成就。

从十几岁对烹饪一无所知，到现在人生七十古来稀，林壤明在粤菜的领域里取得不小成就，而对于粤菜的未来发展，他也有着自己的看法。"古为今用、北为南用、洋为中用"这12个字就是林壤明在教徒弟时经常说的话。"古为今用"，意为要继承传统，取其精华，并结合时代的发展，将其融入现在的技艺中去；"北为南用"，意为要多了解全国各地的烹饪技巧与特点，并适当地与粤菜结合，开发出粤菜的新天地；"洋为中用"，则是要将国外的烹饪特点、食材引进来，做好粤菜的创新发展。林壤明说，只有做好这几点，才能做到了粤菜的继承、发扬、开拓和创新。

第十一节 德艺双馨黄炽华

扫码观看专访视频

黄炽华：1951年生，顺德杏坛人。

曾任佛山宾馆行政总厨，首批注册中国烹饪大师、首届粤菜峰会十大名厨之一、全国名厨联谊会副会长，"中国烹饪金勺奖"获得者。获中国改革开放时代厨艺之星、中国粤菜十大名厨、第一届南粤技术能手、中国餐饮三十年杰出人物、广东餐饮四十年特别贡献人物、广东十大工匠名厨等荣誉称号。

他，荣誉在身，业界知名。佛宾月饼、清香鸡、鲟龙宴、飞机鱼、柱候鸡等，至今无一不为人津津乐道。

他，退而不休，诲人不倦。花甲之年，创办培训学校，成立工作室，与100多位徒弟组成的"华家班"，致力传承发扬粤菜烹饪精粹。

他，师古不泥，推陈出新。曾在泰国国王普密蓬·阿杜德登基60周年庆典上为王妃和公主精烹粤菜，以油泡蟹钳、串烧大虾、珊瑚霸王鸭等菜品名动一时，载誉而归。

他，就是首批注册中国烹饪大师、首届粤菜峰会十大名厨之一、全国名厨联谊会副会长、"中国烹饪金勺奖"获得者黄炽华，佛山首个广东省粤菜师傅大师工作室正是以其名来命名。

成功=兴趣+天赋+努力

"成功=兴趣+天赋+努力"，这是黄炽华的人生信条，亦是他成名之路的精准概括。

"从事烹饪，我不是红裤仔，只是半路出家。我最初做的是'三行'，俗称'泥水佬'（建筑工人），因人瘦小，身手敏捷，专门负责搭

■ 每次进步都是当年不懈努力的结果（中为黄炽华）

棚，后才转行做'厨房佬'（厨师）。但我从小就对入厨有兴趣。我父亲是位厨师，20世纪40年代，他曾在广州聚丰园、孔雀酒家打拼。档主在父亲耳濡目染下，我7岁开始帮家里买菜煮饭。每次去市场买鱼，鱼档老板总是问我鱼怎么食？如果煮汤，要买鱼尾；如果蒸鱼，要买鱼腩。这些我都记在心里，由此学会依材而烹，因料而食。"黄炽华侃侃而谈，少年时代的经历恍如昨日。

1968年，响应国家号召下乡当知青的黄炽华，远赴恩平。1972年，因招工回城到佛山房管局工作。当时又干又瘦的他，自报想当木工，但实操考试后，却榜上无名，只能听从领导安排，改去搭棚，一干就是6年。后来，他被调到局里的后勤部门，处理杂七杂八的工作，甚至还当过具有时代色彩的民兵连长。如此前前后后在房管局度过9年的光阴。这期间，黄炽华想学厨的兴趣有增无减。得知未婚妻的姨丈在中山县中山大厦当厨师，做得一手好菜，黄炽华大喜注心，期待能学之一二。他的意愿得到未婚妻的支持。于是，每周休息日，两人一早从佛山赶赴中山石岐，他直接到中山宾馆的厨房，跟着姨丈边做边学，然后赶晚上最后一趟班车返回佛山。如此一年时间，虽奔波劳碌，黄炽华却深感充实。回到佛山家里，黄炽华每天都在用姨丈教导的厨艺练习做菜式。

父亲的影响，姨丈的带动，想当大厨的动力，让黄炽华对烹饪的热情持续高涨。

"人必须永不停止追求的步伐，因为机遇面前人人平等，厚积才能薄发。"1981年，是黄炽华的人生转折点，多年的积累终于让他抓住人生机遇。这一年，中国国际旅行社佛山支社，即佛山宾馆前身招聘厨师。听到消息，黄炽华如获至宝，立即报名，经过三次上炉试菜，正式被录用。1981年9月28日，是黄炽华一生中最难忘的日子。这一天，黄炽华正式开启烹饪生涯，生活也因此变得活色生香。

报到时，经理问黄炽华："你想做什么工种？""厨师！"黄炽华脱口而出。最终，他进入职工饭堂。10月3日正式上班，黄炽华当上饭堂炒菜工。100多人的职工餐全由他负责，切菜、炒菜、腌制材料等，一人全包。"这是我练习厨艺基本功最好的地方。"黄炽华如是说。

但是，从小热爱烹饪的黄炽华，并不甘心于做炒大镬菜的普通职工。他梦寐以求想当大厨，也想尽办法、用尽全力向大厨学习。

当看到为客人烹饪的大厨师们抛镬时，黄炽华萌生学抛镬的想法。思考良久，终于找到机会，他跟餐厅部主任说："我想买一只厨房里用不着的烂镬，回家练习抛镬。"主任听后，爽快应道："这是好事！不要拿烂镬，我开个批条，你拿只好镬回去练。"

为练好抛镬，黄炽华回家后找车一车沙，工余时间，在后院以沙当菜，一板一眼开始练习，一练就是一个多月。沙练完，他就在家里的灶台开始"实弹演练"，"真刀真枪"抛起镬来。

对于本职工作，黄炽华丝毫不敢懈怠。每天早上七点半，黄炽华已准时到达岗位，准备材料，加煤、开炉；十点半将菜炒好，就等职工们前来就餐。本来，忙活了一个上午，黄炽华可停下来休息，可他非但没休息反而跑去给客人做菜的大厨那儿打下手，目的只有一个——"偷师"。

跟大厨"偷师"多了后，黄炽华炸的脆皮荔茸卷、蓑衣蛋等，不但炸得好，连开浆等巧妙的技术，他都学到。后来，大厨忙不过来，不时叫他帮忙，黄炽华亦应付自如。

成功总是青睐有准备的人。1983年上半年的某一天，为客人烹饪的大厨突然有事，厨房人手不足，正急得团团转的餐厅部主任忽然看见黄炽华，连忙抓住他救急，问："你能上镬炒菜吗？"黄炽华坚定地回答道：

"可以！"

不鸣则已，一鸣惊人。临时救急的黄炽华不但能炒菜，且抛镬技艺出神入化，让餐厅部主任大为惊诧，刮目相看。也因此，黄炽华迎来人生又一个转折点——工作岗位调整到为客人烹饪菜肴，成为宾馆里真正有自己镬位的人。同年下半年，因工作认真、细致、勤恳，黄炽华升任厨房班长，负责厨房管理。两年后，因厨房管理出色，厨师团队团结，菜品质量不断提升，黄炽华再升任餐厅部副主任，后为餐厅部副经理。

作为部门经理，他一直坚持在烹饪第一线。"宾馆有六个厨房，每个厨房都有华哥一只镬！"这是黄炽华最引以为荣的事。

宣布任命时，宾馆总经理问黄炽华："职位升了，责任重了，你有什么想法？"黄炽华想了想，真诚地回答："现在正处于改革开放年代，发展日新月异，我们做厨师的如果故步自封，只是守在自己的一方水土，很难有什么改变，应该多去学习别人的长处，才能对自己、对我们宾馆有促进。"总经理听完黄炽华的一番话，非常认同，立即安排一位副总经理联系跟进，最终与广州酒家、白天鹅宾馆取得联系，让厨师到店学习交流。

"在广州酒家，我一共学习了一个月零九天。厨房20天，营业部、楼面19天。"

对此，黄炽华记忆犹新。在厨房，当时其他人都争着上镬，而黄炽华却选择水台（即负责鱼类、海鲜的刣杀及清洁）。他取长补短，从自己最弱的一项入手学起。在江程老师傅的教导下，斩、劈、宰、起（全鸡、全鸭、全鱼起肉）几样基本功，黄炽华很快学会，运用自如。至于起菜，他就做打荷，负责将切好、配好的原料腌好调味、上粉上浆，用炉子烹制，协助厨师制作造型。因此，他与广州酒家大师级人物黄振华相识，并从旁偷师。在营业部，他跟谢林起学开菜单，负责将菜单送到厨房；他还经常向营业部的经理周丽珍请教各种业务。

黄炽华习惯早起，每天早上7点多，他就已回到厨房，按部就班做好三件事：一是抄菜单，二是帮水台磨刀，三是在水台底下拣死鱼，并将死鱼按鱼菜的要求起肉起骨分放。也正是黄炽华这种持之以恒的勤劳，被一早巡查厨房的酒家经理温祈福发现。温祈福问："小伙子，你是从哪里来的？"黄炽华恭敬地回答："我是从佛山过来学习的，我叫黄炽华。"对勤奋的惺惺相惜，让温祈福认识了这位顺德老乡，至今两人还是挚友。

1986年，黄炽华考上二级厨师；1987年，广东省旅游系统组织全省

■ 黄炽华不遗余力推广顺德美食文化

一级厨师考核，黄炽华获领导推荐参加，取得团体总分第一的好成绩。当领导问他对于竞赛获奖需要什么奖励时，黄炽华说："不需要什么物质奖励，我只想去广州白天鹅宾馆学习。"广州白天鹅宾馆，是改革开放后建立起来的第一批涉外五星级宾馆，所有的硬件和服务配套都代表当时国内的先进水平。事情汇报到旅游局，局长非常重视。联系落实好后，局长亲自带队，到白天鹅宾馆交流学艺。

与白天鹅宾馆的交流，令黄炽华记忆最深的是干冰。当时，看到这种利用干冰形成雾一般意境的摆盘，黄炽华大开眼界。这次交流以后，干冰摆盘就从白天鹅宾馆传到佛山宾馆。此外，黄炽华还抓住一切机会与外界学习交流。邻近的，是和广州流花宾馆、白云宾馆的交流；更远的，是到港澳和东南亚的交流学习。

20世纪90年代，在和澳门中厨协会的梁耎交流过程中，对方将他们应用到的最新烹饪方法和盘托出，还带领黄炽华一行四处品味澳门特色美食。

当时，港澳地区流行吃"镬仔菜"，但佛山买不到"镬仔"，在梁耎帮助下，黄炽华一举在澳门买下20多个"镬仔"背回佛山。这一个当时在佛山宾馆流传的笑话后来成为一段佳话，因为佛山宾馆推出的"镬仔菜"轰动一时，食客络绎不绝。"还有，做焖菜如何能使菜式的色泽更靓？梁耎说，用天顶老抽。结果，我们去澳门交流的8位厨师，每人背着两罐5斤装的老抽回佛山。此后，佛山宾馆做的焖菜更加出彩。"

"我特别感谢香港敦煌集团的简焕章先生，他对我们的帮助非常巨大。"微型雕刻摆盘，是当时香港流行的一种时尚摆盘方式，而关键在于微型雕刻模具。黄炽华"眼见心动"，得简焕章同意，从敦煌集团带上几套回佛山，佛山宾馆的菜式造型、摆盘立即推陈出新上档次。"而怎么做、怎么吃石头鱼，怎么去庙街配材料做咖喱酱等，都是简焕章先生无私分享和指导的。当然，这些菜式和配料，都陆续在佛山宾馆登场，形成风潮。"回忆起当年交流中的学习，黄炽华颇有感触。

"烹饪有五滋六味，我今年71岁，也尝遍人生种种滋味，得益于社会、政府、家庭的支持和帮助，在烹饪上学有所成，也学以致用。感触最大的莫过于做人如做菜，除了有天分、有兴趣，更要专心专注、勤奋实在，这才能成功。"

创新=传统+改良+发展

也正是因为黄炽华的虚心求教，学以致用，佛山宾馆的很多食制，都是开佛山先河。比如佛宾月饼、清香鸡、古法柱候鸡、鲟龙宴等。

同样，也正是因为黄炽华的推陈出新、师古不泥，他的很多菜式，比如串烧大虾、油泡蟹钳、酿盲曹、"飞机鱼"、铜盘煎生蚝、生焗多宝鱼等，享誉内外，为业界美谈。

说起创新思路，黄炽华笑说："创新=传统+改良+发展，但必须坚持一个原则：传统不守旧，创新不忘本。"

1995年，是黄炽华第一次迈出国门，去新马泰交流。在新加坡品味到油泡笋壳鱼后，他深为吸引。回到佛山，他因应当地消费水平而改用加州鲈炮制，试验成功后，又再用大众化的鲩鱼试制。最后，他成功做出技惊四座的"飞机鱼"。因味道香鲜而性价比极高，"飞机鱼"在佛山宾馆大受欢迎，风头一时无两，几乎每桌必点。

四十多年的烹饪经历，黄炽华"画龙点睛"的故事数不胜数。其中"一席鲟龙宴带旺一家酒楼"的故事，是经典中的经典。

1997年，黄炽华调任佛山禅城酒店副总经理，他精心打造的一席鲟龙宴，引得四方同行纷纷效仿。"烹饪养生，可从药食同源入手。鲟龙鱼一身是宝，比如头骨是软骨，脑就是脑白金，可以用杏仁汁炖。""记得1999年在禅城酒店做鲟龙鱼宴，最壮观的时候一千多人共聚一堂共品一菜。这个菜轰动省港澳，香港旅行团都要专程慕名来吃鲟龙宴，之后有人称'这位老兄用一条鱼带火一个酒店'。"黄炽华笑说。

除了鲟龙，黄炽华对各类鱼的烹饪都"游刃有余"，他追求的是用大众的食材，做出不大众的味道。

"生焗多宝鱼"是他又一道创新菜式。多宝鱼在20世纪初开始流行，传统做法是清蒸、焖、起肉炒球。黄炽华认为多宝鱼的鱼肉够滑但不够。为在"香"上下功夫，他采用粤菜烹调其中一个技法——生焗，几乎不用什么调味料，一个瓦煲加上花雕酒慢慢浇灌，多宝鱼鱼肉的鲜香就能随酒香全部释放。为加强宣传效应，黄炽华采用"堂做"这道生焗多宝鱼，即是在大堂、在食客围观下现场烹饪。因香味带动效应，一道"生焗多宝鱼"一晚卖出56煲，再次打破个人记录。

2006年，亚洲艺术节在佛山举行。泰国文化部邀请中国代表团到泰国参加春节文化周以及泰国国王登基60周年庆典活动。黄炽华参与交流活动，并现场展演中国美食文化，为泰国国王登基60周年举办的宴席筹备菜式。

黄炽华打算做最具特色的顺德酿鲮鱼，可到泰国后，才发现找遍大街小巷都没有鲮鱼，甚至连日常所说的"泰国鲮鱼"也没有。经多番寻找，他才找到和鲮鱼模样相近的"盲曹鱼"。可是，盲曹鱼极难起皮，黄炽华一点一点用小刀起皮保持鱼皮完好后，到起鱼青后才发现，盲曹鱼肉根本不起胶。黄炽华临机应变，加入小苏打，最终做出形神味俱佳的"酿盲曹鱼"，大受宾客欢迎。

经过预先深入了解，黄炽华得知到场欣赏中国厨师烹饪的诗琳通公主

■ 黄炽华现场烹饪讲解顺德菜

喜欢吃虾，而泰王妃喜欢吃蟹。为此，黄炽华特别制作茄汁串烧大虾和油泡蟹钳。

品尝油泡蟹钳后，泰王妃径直前来，要与黄炽华握手致谢。黄炽华趁机让翻译问王妃油泡蟹钳是否好吃，谁知王妃竟开心地用生硬的中文对黄炽华说："我能跟你学厨艺吗？"诗霖通公主一连吃下三只茄汁串烧大虾后连声说："好吃好吃！"晚宴后，公主特意面见黄炽华并一起合影留念。

"受地域和原材料所限，因应食客口味和时代饮食观念变化，一个厨师必须具备变通能力，做到因地制宜，与时俱进，不断创新。"对于四十多年的烹饪经历，黄炽华如此说，亦是如此做。

成品=技艺+责任心

黄炽华的成名菜式很多，外人认为都是巅峰之作。可黄炽华认为，成品=技艺+责任心，只要有责任心，练好基本功，厚积薄发，就能做出好菜。

"顺德菜的特点是清、淡、鲜、嫩，讲究镬气，必须取材新鲜，急火快炒，原烹原食，才能把顺德菜的特色做出来。我不想多花心思去研究鲍参翅肚，反而会把更多的心思放在研究家常菜上。因为，这样的菜品才是大众所需，也才更能体现一个厨师的水平。"黄炽华一句听来平平淡淡的话，却反映他对菜品的追求——大师的菜，并非选材昂贵，并非工序繁复，所讲究的是心思和责任，所期待的是大众喜闻乐吃。

"以往师傅教我，只点三样家常菜，就能全面了解一家饭店的水平——白切鸡、豆腐鱼头汤、炒油菜。因为一道白切鸡，包括拣鸡、杀鸡、浸鸡、斩鸡、调味等多个工序，反映饭店买手、水台、砧板、候镬等多个岗位的水平；至于一道豆腐鱼头汤，可从成品的色、味、形等多方面评价厨师水平；炒油菜，关键在于'炒'，菜有没有镬气，一看便知。"黄炽华将师傅的教导铭记在心，从事烹饪数十年如一日，对待每一道菜式，无一不换位思考从食客的角度从严要求自己，无一不倾注百分百的责任感，力求做到完美。

"以前，我参与饮食名店的评选，最关注的就是厨房，因为厨房是厨师的战场，连自己的战场都不收拾好，凭什么能做出好菜？我要求炉头必须干净卫生，五味池分类摆放，砧板必须干洁平滑，要配备两把刀（文武刀、片刀），架撑（器具）齐全。我评价一道菜品，要求色（颜色）香（香气）味（味道）形（形状）器（摆盘）质（质量）养（营养）俱

■ 黄炽华人生与烹饪融为一体

■ 当代名厨黄炽华

全。"黄炽华娓娓道来,字字严苛。其实,对别人的要求如此,黄炽华对自己的要求更其。

黄炽华曾创新推出名菜"铜盘煎生蚝"——广东阳江程村新鲜运到的生蚝,没有任何多余的技法,洗净、腌制好,平摊铜盘中,起火生煎,铜盘成为最有力介质。"以往我们吃过铜盘蒸鸡、铜盘蒸鱼,但在铜盘上煎东西,仍需要点胆量,搞不好就会砸镬。不像铁镬和不粘锅有足够的厚度承载,在铜盘上煎生蚝,需要严格控制好火候,让生蚝熟得恰如其分,熟而不老,外皮稍带点脆却不焦。"黄炽华对这道菜的关键点一一细说,用"铜盘"再次勾起那段曾经"背镬"记忆,同时,也以"铜盘"表明他回归食物本真的追求。时隔数年,黄炽华再次"寻镬",他希望找到一款手打铜盘。由于打铜手艺的逐渐失传,要买到一只合心意的铜盘谈何容易?黄炽华频繁辗转数间铜器铺,多番找寻,终于达成心愿。简单的一道菜背后,却倾注了他对烹饪极致追求的责任感。

2003年,黄炽华离开禅城酒店,却并未离开他热爱的烹饪行业。他创办佛山市华杰烹饪服务技术培训中心,专门负责对厨点师、楼面服务员培训,协助人力资源社会保障局对厨点师培训鉴定。

近年,他在佛山成立广东省粤菜师傅黄炽华大师工作室。此外,他还收徒组建"华家班",致力于粤菜的传承和创新。"不要把我称为大师,我永远都是一个学生。我把自己摆在学生的位置上，活到老学到老。"黄炽华说。

华家班是以黄炽华为首的一个以师带徒、亦师亦友，全方位开展烹饪技术以及餐饮经营管理培训的平台。至今，黄炽华的"华家班"有100多位徒弟，包括均安蒸猪传人、中国烹饪大师李耀苏，荣获中国饭店金马奖、中华名厨金勺奖的钟桂文，味可道美食坊总经理何剑生，味可道美食坊副总经理、行政总厨郑远文，周大娘牛乳负责人李浩其，还有正斗嘢、芳芳鱼饼、陈仔凉茶等食肆负责人。

黄炽华对"入室弟子"的要求很简单：一要作风正派、尊师重道；二要有志于做好餐饮，肯钻研、肯吃苦。

做人如做菜，不忘初心，方得始终。这是黄炽华的座右铭。因此，黄炽华做菜，始终坚持对传统风味的朴实传承和有趣创新；做人，亦一直坚持责任感和对厨艺不变的追求与传承。

第十二节　坚守粤味谭永强

扫码观看专访视频

谭永强：1953年生，勒流黄连人。

曾就业于勒流供销社、东海海鲜酒家。

中国烹饪名师、中国粤菜烹饪大师、全国优秀厨师、广东省烹饪名师、顺德十大名厨等。

耳濡目染　苦练厨艺

自小，谭永强就深受热爱和执着于食物制作的父亲耳濡目染的影响。1972年，19岁的谭永强从勒流供销社酒楼入行，踏上厨师道路。

那时候，他还只是个厨房杂工。挑水、砍柴、扛米等，常常做完一个午市或晚市，衣服湿透好几件。所以很多年轻人都无法坚持，纷纷远离，但谭永强坚持下来。只要一下班，他就会拿起菜刀或者锅铲，训练基本功。

为能在繁忙的工作间隙能尽快学到更多厨艺，谭永强主动承担诸多额外工作。替后厨师傅打下手的他，谦敏勤俭，深得前辈青睐，更屡获名厨秘技。

同时，谭永强极重见识拓展。每到假日，他就会在顺德、广州各处邀请前辈，以食会友，以增见闻与技法。天长日久，他终苦练成才。

故土难离　情谊深厚

1986年，已在酒楼工作14年的谭永强自主创业。他承接父业，从制作与销售烧鹅开始，逐渐拓展为经营海鲜坊，海鲜坊后发展为东海海鲜酒家。

从20世纪80年代至今，谭永强的东海海鲜酒家一直没有离开勒流西安亭大桥附近。不曾离开，含义多层：

　　几十年相依为凭的朋友，早已熟悉从珠三角各地前来此处的自创线路。对于他们来说，在行走的路上，脑海已品尝了好几遍他做的拿手好菜。在他们心中，谭永强做的菜，就是顺德美食。

　　相识几十年的朋友，他们的人生轨迹早与这个酒家融为一体。他们的人生节点，不少重要仪式都在这里隆重举行。春秋迢递，岁月的欢笑早已沉淀成他们最珍贵的记忆。

　　他的从不远离，自有旧地难舍的乡土情结。他要回馈这片孕育和扶掖自己成长的故土，同时，也表达着他对顺德乡土美食的信心与对顺德美食制作的坚守。

坚守传统　妙制美食

　　在谭永强身上，"坚守"二字可折射出其清晰的人生轨迹与经营理念。从小目睹父亲在各种犄角旮旯、田头涌尾捕获美食那层出不穷的妙法和不舍精神，让他理解到即使最艰苦无助的生活，大自然的最深处仍有无数的美食等待着他们去发现和欣赏；各种美食的精妙制作，更可令自己获得意想不到的生存空间，挖出汩汩难绝的快乐源泉。这令他在几十年的人生历程中得以一直保持着冲淡平和与乐观豁达的态度。而父亲对美食制作一丝不苟的执着态度令其烧鹅远近闻名，每天限量销售，宁缺毋滥的为事风格，更深刻影响着他的烹饪原则和经营理念。天长日久，所有看似微不足道的细节，无不默默引导着谭永强更精透、细微地研究美食材料的物性与特征，也令他在制作中愈发融会贯通，得心应手。

尊重物料　渐悟厨道

　　20世纪70年代从师学艺的岁月，谭永强锤炼出目送手挥的厨艺。三十多年来对顺德菜愈发深入透彻的认识，令他深觉看似平常的一碟蔬菜、几款河鲜，实则内蕴乾坤，意趣万千。他也庆幸这份令一家几口三餐无忧的小本营生，能同时将上一代老师傅源于明清时期古老粤菜的制作精华和文化传统顺利承接，他一直深觉这是自己的运气。因为，老师傅们对物

■ 精益求精是谭永强不断前行的力量

料的精通、对火候的拿捏、对制作的精严、对宾客的尊重、对自身手艺与道德无以复加的苛求，都令他渐悟古老而纯正的"厨道"，实则充满"人道"。这是一种流动于传统脉络最深处的文化精神，说不清、摸不着、写不出，除了承传者的用心、纯粹、磨砺外，悟性的高低，最终呈现在厨师身上的精气神上。谭永强几十年追寻的就是这种千年承传的内在气质与微妙曲幽的精神把握。

因此，在他心目中，每次制作粤菜实是一种艺术创作。每天看似大同小异的物料，却因时节、气候、物料、工具、火候、状态的相异而令色香味不尽相同，而要保证出品质量的稳定与精彩，厨师内心的沉静与手法的娴熟正是第一要义。因为，手法娴熟自是厨师的看家本领，但内心的沉静则源于对美食意蕴与人生价值的深刻认识。

制作美食　人生主线

　　谭永强一直认为，将粤菜餐饮作为人生事业去经营与作为一门赚钱生意去张罗，会导致企业性质与人生轨迹南辕北辙。几十年的经历再次告诉他，事业与人生一同打造，会令自己能在市场的竞争与人生的把握中更进退自如。市场占有额的追求与盘地的扩充或许能在短时期内"攻城略地"，一呼百诺，但难再精准把握人生的节奏和市场的激烈变化下经营的可控，更遑论出品的精益求精。但出品的优劣是餐厅生存的王道，而对美

■ 对粤菜的坚守成为谭永强
　美食风格的亮点

食本质的深刻认识才是餐饮企业山登绝顶的要义。

正因内心的沉静与抉择的清晰，他才能将水乡寻常无奇的煎焗鳙鱼不断改良，推出外酥脆、内嫩润、肉汁多、皮甘香的煎焗鲗鱼，深受食客追捧，香港美食家唯灵先生更盛赞其"有世界第一水准"。而他的菜远炒水蛇片，以新鲜、清甜、爽滑、精致而名扬远近，美食家更推举其为顺德小炒代表作，1998年在顺德美食大赛中获十大金牌名菜冠军。

在美食深山曲径一路前行的他，深觉看似平淡的水乡物料那化腐朽为神奇的无限乾坤，生性静淡的他更乐意沉浸其中，细探花落花开，目睹云卷云舒。美食制作成为他的人生主线。

因而，他宁愿将资金用于店铺的升级而不扩建新酒楼，相反，倒在别人觉得无须再打磨的烹饪细节上更上层楼。这在狂飙突进的餐饮业中独显其曾经沧海后的云淡风轻，而妙悟味道的食客却因其恰到好处的烹制而喜出望外，彼此常觉高山流水、知音深赏的相见恨晚，更因坦诚相待，渐成挚友。

谭永强常让人联想到民国时期百年老铺的店主：蔼蔼和祥，通情达理，进退雍容，诚恳守诺，精通经营手法，深研制作妙道，坚守上辈训导，不忘开发市场。如今，人们多不再视他为饭店管理高层、粤菜名厨，他更多似隔壁挚友、水乡知己。人们进入酒楼后，无不顺道咨询一下平时心存疑惑的物料优劣、季节宜忌、山珍仓储、海味制作，谭永强无不应对自如，深入肯綮，令他们疑惑冰消，而他更因其长期制作的严苛不苟，成为人们可安心推荐贵宾的首选。

于是，饭店成为人们释放心灵的芳草地、自我嘉赏的领奖台，自然，人们还要细细品尝他精心烹调出来的传统粤菜精华。

快马加鞭　层楼更上

几十年的精耕细犁，令谭永强入道弥深，所见弥大，层楼再上，所见更广，也所获渐多。1999年，谭永强在全国第四届烹饪大赛上，其"东海海鲜酒家"单独参赛，获得大众筵席最高奖项——优胜奖。这是顺德第一家获得这一奖项的酒家。2006年6月，中央电视台举办"满汉全席"顺德厨王擂台赛，谭永强技压群雄，成为首位"顺德厨王"。

在谭永强内心，这些都是社会与时代对他几十年精深研究粤菜的认可，但他仍然神追前辈粤菜老师傅对物料的深刻认识和对宾客的由衷尊重。他自知与他们相比，仍需快马加鞭，但岁月积沉，钟鸣于外，谭永强也渐成传统粤菜传承人。每周络绎不绝的港澳美食团不仅令其名播东南亚，而不远千里专门来品尝其品牌佳肴的各路嘉宾，更多地视他为粤菜的重要代表。他们认为：品尝东海佳肴，等于领略粤菜精华。

不过，在他心目中，在最恰当的时节去品味最适合的佳肴才是最美妙的人生，也是对物料的最高敬意。

近年，他开始梳理自己几十年来精通海鲜、山珍、红酒、茶叶物性与价值的心得，帮助朋友们去选择、推荐和采购高质量健康食材。一来可水到渠成地拓展满足市场需求，又符合自己性格与价值取向的产业空间；二来可让朋友们获得更专业且持久的指引和支持，为人们提升更舒闲高雅的生活品质。这是他厚积薄发的另一个探索，也是他对未来的眺望。

第十三节　点心名家周礼添

扫码观看专访视频

> 周礼添：顺德容桂人，1953年出生。

提起顺德的老厨师，不得不提的一位就是容桂的老师傅——周礼添。

周礼添，在广式点心领域里可以说是数一数二的人物。他曾代表顺德，作为广东代表队的队员参加全国烹饪大赛，为广东获得两金一银的好成绩。此外，周礼添师傅制作的传统公仔饼更是让人津津乐道，他制作的公仔饼集艺术、技艺、美味于一体，成为顺德一张响亮的美食名片。

用10年时间自我提升

20世纪50年代，周礼添出生在一个有6个孩子的家庭，作为老大，周礼添早早地步入社会，在桂洲公社工作，承担起家庭的部分重担。

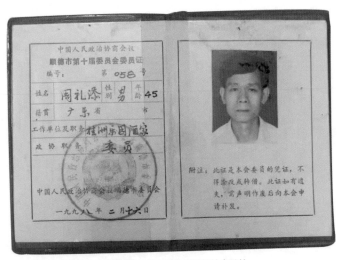

■政协委员证书背后，是出色的点心技艺与深远的社会贡献

在父亲熏陶下，周礼添踏入厨师行业。14岁那年，周礼添随着公社厨房的老师傅从杂工做起，通过自学、偷师、厚着脸皮请教师傅，周礼添逐渐成长为一名能独当一面的厨师。18岁，周礼添就已能独立完成一场近200人的会议备餐工作。

虽然在外人看来，周礼添已出师，但周礼添并不满足，他主动提出承担各类会议、活动的备餐工作，积极参加各类培训，更将理论知识与实践结合起来。"我花了不下十年的时间去提升自己。"当别人夸赞周礼添在厨艺方面拥有烹饪天赋时，周礼添说努力学习、从不懈怠才是他能取得如今成就的最重要因素。

代表广东参赛获两金一银

1988年，在顺德饮食界老行尊、老前辈余运师傅带领下，广东选拔一支由粤菜师傅和点心师傅组成的8人队伍，到北京参加第二届全国烹饪大赛。当年他们3个点心师共获得5个金奖、3个银奖，其中周礼添制作的"酥

■ 当年参加点心班的同学，如今都是点心领域的领头羊（二排右一为周礼添）

■ 当年获得省级先进工作者确实不易

皮莲蓬包"和"笋尖鲜虾饺"荣获金奖，"樱桃鸡蛋挞"获得银奖。周礼添成为顺德在全国烹饪大赛中"披金戴银"第一人，获授特一级点心师荣誉，广东省人民政府授予他"广东省先进工作者（劳模）"称号。

说起那次比赛，周礼添不能忘记余运师傅对他的指点和帮助。在练习制作比赛点心时，余运师傅就提出，发面时可在面粉中加入少量油酥，使其松软酥化，此举果然令酥皮莲蓬包别具风味。到现在，在面粉中加入少量油酥依然是周礼添秘诀之一。

当年获奖的"笋尖鲜虾饺"还被大会选中，成为北京人民大会堂的金牌美点，作为名菜美点品尝会的"头点"，献给出席宴会领导和嘉宾品尝。晶莹剔透、鲜香美味的虾饺获得无数好评，至今仍是顺德寻常百姓必点茶点之一。

打好基础是做好厨师第一步

20世纪80年代，周礼添所任职的酒店进行扩张，酒店派他到新店任部长一职，负责新店点心部的建设与管理工作，这对周礼添来说是个巨大挑战。

■ 广东省烹饪代表团赴京参赛载誉而回合影（一排右一为周礼添）

当时新店开张，招收的都是一些年轻且毫无经验的小伙子，还招收一些十五六岁的大孩子做学徒。

自那时起，周礼添在做好本职工作的同时，还负责培养厨师的新生力量。一下子带十几个徒弟，周礼添压力倍增。"那时候我觉得自己还没完全学明白呢，根本不知道该怎么教他们，每天最担心的就是他们安全问题。"周礼添说道。

慢慢地，周礼添也逐渐摸索出教徒方法。在他看来，练好基本功是做一名好厨师的第一步，也是最重要的一步。"现在很多的年轻厨师创意十足，但是基本功还较为欠缺。"当说起对新一代厨师期望时，周礼添说，随着社会的发展与交流的增多，顺德涌现出很多年轻厨师，且都极富创意，可以说走在顺德粤菜潮头，但想要顺德菜发展得更好，自己能成为更高水平的厨师，还需加强基本功练习。

除对他人高要求外，周礼添对自己也丝毫不曾放松。直至今日，周礼添在做公仔饼时，依然会从最基本的揉面开始，亲力亲为，精益求精地做好每一个步骤，而这也正是周礼添令人景仰和敬佩的地方。

可以吃的艺术品

除能做得一手好的广式点心外，制作公仔饼也是周礼添的拿手好戏，并享负盛名。自幼，在父亲的熏陶下，周礼添跟随父亲学习公仔饼的制作方法与技巧，虽然年轻时因工作繁忙，未能很好地传承与推广公仔饼，但周礼添从未忘记过这项现已少为人知的中秋特色美食。

■ 1988年参加烹饪大赛荣获金牌

据介绍，公仔饼曾经是中秋时节随月饼一起销售的附属品，因其造型可爱、逼真，且内涵丰富，价格实惠，不少家庭在中秋时节都会买几个给家中小孩，既能欣赏，又能品尝。这是那时不少人幼时记忆中美好的节日回忆。

但随着时代的发展，受到工艺传承的式微、成本增加、利润率低等制约因素的影响，街头饼店甚少见到公仔饼的踪影，公仔饼甚至一度退出市场。

■ 中秋公仔饼，早已成为顺德人的共同记忆

■ 周礼添如今成为佛山市顺德区厨师协会荣誉会长

　　古稀之年的周礼添虽已退休多年，也早已从厨房一线退下，但他并没有放弃公仔饼的制作与传承。在容桂一家装修简单的店中，用线张挂着十几个手工制作的限量版吉祥动物造型的公仔饼，龙、蛇、马、猴、鹿、金鱼、绵羊、大象、蜈蚣、壁虎、公鸡，形态各异，栩栩如生，每一个都是由周礼添亲手捏制而成的。

　　制作好的公仔饼犹如一个个艺术品，让人爱不释手，不忍破坏。

力所能及地推广公仔饼技艺

　　据介绍，公仔饼的做法有两种，一种是模具印制，另一种是纯手工捏制。经由模具制作的成品往往刻板，手工捏制则十分耗时，极考验制作者的技艺，但精彩的成品栩栩如生，极具观赏价值。

　　周礼添说，以前很多人是在中秋时节来买公仔饼，拜完月后，再一家人一起分食掉；现在经济条件好，来定制公仔饼的人变多了，还有不少企业管理高层来他这里定制一些寓意好的公仔饼用于开业酬宾、送礼，或者摆放在办公室做装饰。

■ 采访时，周礼添不时陷入回忆中

一个精彩的公仔饼，的确可以称得上是一个艺术品。在做好防尘、防潮前提下，一个公仔饼能保存三至五年的时间。

面粉、糖水、碱水和油，加上几样简单小巧的工具，这就是精美公仔饼背后的秘密。面粉经揉合、发酵，接下来就全靠一双巧手来施展"魔法"。周礼添对公仔饼感情深厚，他一直在力所能及地推广公仔饼技艺，不想让这门传统手艺消失。"现在能代表顺德的传统食物也很少了，非常可惜。"周礼添说道。

近十年，每逢暑假，周礼添都会联合所在社区举办公仔饼制作培训课，免费教孩子和家长做公仔饼。

培训活动得到大家的认可和喜爱，"还会有家长主动来问我什么时候再开课"，周礼添非常高兴有越来越多的人对公仔饼产生兴趣。

"虽然现在已经有越来越多的人重新认识和了解公仔饼，但是会做公仔饼的人还是不多，希望能尽我所能，做好这项技艺的传承，让更多的人学会做公仔饼。"周礼添说。

20世纪70年代，周礼添的父亲将公仔饼的技艺传给他。如今，他又把技艺传给儿子和儿媳。谈到未来，周礼添说自己最大的希望就是能将公仔饼传承下去，并让其得到更好发展。

第十四节 "点心女状元"徐丽卿

扫码观看专访视频

> 徐丽卿：1953年出生，顺德媳妇。
>
> 1969年入学，在厨界兢兢业业，获奖无数，业界誉她为"点心泰斗""点心女状元"。为世界点联评委、高级面点技师、资深中国烹饪大师、全国劳动模范、全国技术能手、广东省中式面点技能鉴定专家组组长。

16岁入行勤恳作业进步神速

1969年，年仅16岁的徐丽卿初中毕业开始学厨，她的师傅是当时大同酒家名厨谭鸣，她向他学习传统点心制作。

"当年的中式面点使用面广，"她回忆说，"从早到晚、从早茶、午市、下午茶、晚市和夜宵均必不可少。"不过，当年机器设备并不发达，

■ 徐丽卿对自己的经历深感自豪

■ 1995年，徐丽卿（右一）参加全国劳模表彰大会后与钟南山（右三）等劳模们合影

厨师需每天凌晨2点多就起床准备材料，为早市做好准备，一天下来，相当劳累。

当时做学徒也十分艰苦，由于机器简陋，制作面点更多的是需要手工技能。徐丽卿在厨房接受高强度的工作，但她并不认为这是苦差，因她对面点制作相当感兴趣。她勤恳耕耘，大师傅们也更愿意指导她，因此其技术进步神速。

1971年，徐丽卿参加广州饮食行业技术性竞赛，第一次参赛就获第一名。一年后，她被选为老中青三结合技术评委会的青年委员代表。她说："当时经常会和技术评委会的其他专家一起，更到各酒楼茶馆开展中式面点的现场实操和答辩评判工作，真的是大开眼界。"

徐丽卿在点评中，接触到不同年代风格的点心。她耐心向前辈学习，且将知识一点一点记录到笔记本上。当前辈们需要帮忙时，她义不容辞地协助他们整理制作面点的讲义和教材，从中学习到不少实用知识。

1983年，徐丽卿晋升为大同酒家点心部主管。其间，作为技术骨干，单位送她去学习全面的面点理论。后来，她考取高级点心师，获中式面点师培训资格，这开启了她中式面点教学研究的道路。

比赛路上屡攀高峰

徐丽卿在她的厨艺生涯中参加过不少大型比赛，且都取得不俗成绩。

1988年，她作为广东唯一的女选手参加全国第二届烹饪大赛，所创作的3款点心均获奖牌，其中"银鱼戏春水"获金牌，"宝鸭穿彩莲"和"荔甫香芋角"获银牌。1993年参加全国第三届烹饪大赛，与队友合作，夺团体金牌。1990年在卢森堡参加第六届世界杯烹饪大赛夺得团体金牌，她获面点个人赛银牌两枚。1993年在日本参加第二届中国料理大赛，她和队友创作的"羊城锦绣"获模范作品展台奖；她现场表演的"宝鸭穿彩莲"获名厨师表演奖。她组织制作的大同酒家中秋月饼，在1992、1993年广州市消费者委员会组织的月饼随机抽样评比中均获金牌。

徐丽卿记忆最深刻的是在卢森堡的那次比赛。当时由于条件艰苦，大家压力非常大。"首先，我们带着原材料转了5次飞机才到卢森堡，历经20多小时。"徐丽卿说，"我们做的是中国风主题，中间摆放大宫灯，四周是中国元素，如用满洲窗元素做成的底座，承托住我们的点心和菜。"他们就住在领事馆，没有大焗炉，只能一小块一小块地做起来再拼凑；没有大蒸笼，就将房间里的木抽屉全部拿来当蒸笼载食物上车运到赛场。他们

■ 1995年，徐丽卿（右二）获得全国劳动模范称号，受到时任广州市市长黎子流（左一）接见

三天三夜没有睡觉，就是为了做好这个比赛作品。最终，中国菜彻底征服西方评委，中国代表队获团体金牌。

她还多次前往比利时、美国、日本、韩国及中国的北京、上海、香港、澳门等地进行技术表演、授课和交流，为中国烹饪和广式点心在世界和全国弘扬发展做出了杰出的贡献，业界称她为"点心女状元"，她那灵巧的双手还入选为"传承广州文化的100双手"。她在国际大赛中的出色表现，为国内外媒体争相报道，相关材料以及她的手模被广州国家博物馆、广州国家档案馆收藏、铭刻。

出版著作　培育人才

2002年，徐丽卿被世界中国烹饪联合会聘为国际评委，多次在世界烹饪大赛、全国烹饪大赛和香港厨艺大赛中任评委，历任省和各市烹饪大赛的点心裁判长。2004年，她考取专业教师资格证，兼任多家院校和机构的专业顾问和教师，并与专家组成员著书立说，编写《广式面点教程》和《中式面点技师、高级技师复习指南》，为培养中式点心技术人才和技师

■ 2002年，徐丽卿（二排左四）以广东省十大名厨身份参加顺德第一届国际美食节

■ 2021年，广州市职业教育活动周启动仪式（前排右一为徐丽卿）

以上高技能人才贡献力量。此外，她参与编写的《广东省"粤菜师傅"工程培训教材》《中式面点工艺实训》等一批著作也相继面世。

近年，在徐丽卿带领下，一批中式面点职业技能鉴定的专家在粤港两地职业技能鉴定工作中发挥着重要作用。这些专家均是分量十足的业界人才。他们当中有获奥林匹克世界烹饪大赛金奖者，有获全国月饼技术大赛冠军者，有获得全国面点大赛金牌者，有获得"能工巧匠""创新技术能手"称号者，他们结合专业知识和实操经验，将烹饪知识传授给后辈。中式面点职业技能鉴定作为粤港澳人才交流合作的重要纽带，在深化粤港澳合作、打造大珠三角竞争圈中起着领头羊作用。

对于广式点心的创新和发展，徐丽卿认为必须以保留其传统精髓为前提，再融入新元素，成为新品。例如水牛奶蛋挞，就是保留蛋挞的传统做法，加入水牛奶这种新元素创新而成的点心。

目前，徐丽卿活跃在点心技艺传承和创新路上。她说："新工艺、新技能、新设备、新知识让中式面点不断推陈出新，这些新技术的使用极大促进产品的相互传播，更让中国美食走向世界。"她认为不光要活到老学到老，提高自己水平，更要将中华美食的传统精髓与创新发展好好总结，发扬光大。

第十五节　鱼饼名家梁兆荣

扫码观看专访视频

> 梁兆荣：1953年出生，1973年参军，参加军队文工团，1979年退伍回来当厨师。
>
> 1997年5月，代表顺德参加由香港《星岛日报》在加拿大及香港举办的"101席顺德菜慈善基金筹款宴"，荣获特级优异奖；
>
> 1997年12月，代表均安镇政府餐厅参加首届全国"中华名小吃"认定，均安鱼饼荣获中国烹饪协会颁发的"中华名小吃"称号；
>
> 1998年，顺德美食大赛中，均安鱼饼被评为顺德十大金牌菜之一；
>
> 2002年9月，顺德市劳动和社会保障局、顺德市经济贸易局、顺德市总工会、顺德饮食协会评其为"顺德十大名厨"；
>
> 2007年，由他主制的直径为3米的均安"天下第一鱼饼王"申报吉尼斯世界纪录。
>
> 2009年8月，中国饭店业协会评其为中国烹饪大师。

梁兆荣军人出身，性格开朗，为人真诚坦荡。对于传承工艺，他既乐于传承，又敢于创新。他的成名作品有均安鱼饼和七彩鱼茸羹，均入选为均安镇四大名菜。其中均安鱼饼为中华名小吃，七彩鱼茸羹则作为顺德美食文化推广的代表作品，常在国外美食节目作示范展演。

水乡男孩　小试牛刀

1979年，梁兆荣退伍回乡，帮父亲打下手。军队三年，磨炼出他坚毅的意志，也造就出他的军人性格与责任担当。

那时候，家里养鱼，兄弟4人都是吃鱼长大的。父亲当时是生产队队长，有时候带人回家吃饭，便让梁兆荣做菜。朋友们围坐品尝时，就忍不住向他父亲夸奖他一番。此后，他专心做菜，名声渐彰。后来，他就被调到均安公社任厨师。从此，光阴伴他静度岁月。梁兆荣从小伙子做到退休，他对顺德美食，尤其是均安美食的文化与根脉，理解愈深。

勤学苦练　艺成归来

梁兆荣刚进入均安公社，厨房部就派他到广州泮溪酒家学习厨艺。他从学徒开始，看厨师们宰鸡杀鱼，然后练习刀功，一天切满几箩筐猪肉，然后负责将切好、配好的原料腌好调味、上粉上浆，以炉烹制，协助厨师制作造型。这些工作看似简单，实则大费心思，许多过程更是枯燥单一、乏味无比，但梁兆荣心怀虔诚，一丝不苟。

作为从均安水乡深处走出来的厨师，梁兆荣精心研究各种塘鱼的结构与特性，对其不同部位了然于胸，更磨炼出运刀如风的杀鱼手法。因为，要使鱼肉鲜美，杀鱼速度是关键；从水池到饭桌的时间越短，鱼肉就越鲜美。深通此道的梁兆荣常以令人难以置信的速度完成所有程序，逐渐以鱼鲜味美名传远近。此外，无论是杀鸡宰鸭，屠狗剖猪，其手快刀疾，令人

■ 与镬相随，美味一生

目眩。他就是通过缩短时间，去赢得物料本味的真纯。

在广州学习期间，梁兆荣不仅厨艺精进，更开阔了视野，触摸到现代酒店的管理制度与文化，以及各种风格、规范，从一名小镇厨师逐渐成长为思深艺精、充满创意的粤菜名厨。

创新鱼式　以赛创菜

作为长年与鱼打交道的厨师，梁兆荣对各种塘鱼的品类与质地，以及鱼肉保鲜，无不严苛，力求毫无瑕疵，以期为宾客奉献出最纯真的本味。

1997年，梁兆荣到杭州参加全国赛。当时要求所做鱼饼不能用鱼皮，他只得从顺德带鱼肉与配料参赛。但机票已订好，时间是比赛前一天的早上，若如此，则鱼肉不鲜；后来，他将机票改签为当晚10点。次日，他用新鲜鱼肉参赛，令"均安鱼饼"赢得中国烹饪协会颁发的"中华名小吃"称号。

1998年，顺德市均安评选四大名菜，分别是均安烧猪、均安蒸猪、均安鱼饼和均安鱼羹。其中均安鱼饼和均安鱼羹，均出自梁兆荣双手。均安鱼饼更力压群雄，获当年顺德十大名菜金奖。

均安鱼饼外，许多寻味顺德的食客对均安七彩鱼茸羹钟情不已。不少饕餮认为，均安鱼茸羹就是顺德"鱼翅"。

■ 从水乡走出来的名厨梁兆荣（右五）

制作这款鱼羹，先要杀鱼、煮鱼、拆骨，再加入冬菇、木耳、胜瓜、陈皮、红枣丝，他更根据四时季节与食材属性，选择7种色泽、品性与营养最佳匹配的配料食材，最终烹制出爽口健康的七彩鱼茸羹，赢得港澳台与海外同胞深赏。

传承美食　以爱生火

热爱生活的梁兆荣喜欢深研穷究。当年，他在广州学习，师傅就给他一只锅，里放豌豆，让他反复炒，以此锻炼其手腕灵活性。这一技法，对他日后烹饪大有裨益。于此，他领悟到每事细小，透彻分解，方可触类旁通。

梁兆荣认为，厨师是技术活，虽深奥、玄妙，但并非高深莫测，只要全情投入，则可脱颖而出。他期待更多顺德年轻人投身其中，他必将全情投入，有教无类，以推动顺德饮食发展。

第十六节　声名远播吴旺群

扫码观看专访视频

　　无论是被问及做厨师是否辛苦，还是为何一直坚守在厨房一线，吴旺群的第一个回答永远是"习惯了"，这也是吴旺群说得最多的一句话，而这个"习惯"吴旺群保持近55年。

从大锅饭做起的大厨

　　20世纪70年代，年仅13岁的吴旺群刚中学毕业，就分配到人民公社厨房工作。"当时，每逢有会议召开，公社都从各村抽调人手到公社厨房煮大锅饭，而我正好村里被选中。"就这样，吴旺群从学煮大锅饭起，逐步为成了顺德厨艺"一姐"，人称为"奶奶群"。

　　在公社煮大锅饭不是一件简单事。一锅就要煮近百人米饭，食材之重可想而知，而作为一名女性，体力不如男性也显而易见，但面对这些困难

■ 吴旺群即使接受采访，仍让人感受到她在厨房里的活力

■ 乐观、爽朗、直率是人们对吴旺群的评价

和辛苦，吴旺群从未抱怨，只说："做得多了，就习惯了。"

直至现在，吴旺群还记得煮大锅饭的技巧。怎样才能煮出焦香又恰到好处的米饭？"要在水烧开后，把洗好的大米一圈一圈地沿着锅边倒下去，这样煮出来的米饭才会香。"就这样，从煮米饭开始，在公社大师傅带领下，吴旺群开启其学厨之路。

几年后，吴旺群离开人民公社，到当年顺德县党校厨房工作。刚开始她还是负责煮饭，人手不够才能参与炒菜这项工作。就这样，虽没能系统学习，但吴旺群抓住一切可以学习、实践的机会。经过6年锻炼，最终荣升为"头锅"。

随后，吴旺群回到勒流侨社工作。从那时起，吴旺群接收徒弟，将自己学到的一切技巧、知识都毫无保留地传授出去。

如今，她的徒子徒孙已遍布北京、深圳、珠海、顺德等地酒楼食肆，皆厨艺高超，有口皆碑。

一直坚守在厨房一线

侨社解散后，机缘巧合下，吴旺群获邀到龙江东海一族海鲜酒家工

■ 吴旺群每天都乐在其中

作。其间，欧洲名厨联盟亚洲区荣誉会长杨贯一大师到顺德培训厨师，而她也有幸成为学员之一，跟随杨大师学习鲍鱼的烹制技术。

在东海一族海鲜酒家工作的时间也许不算很长，但吴旺群说自己在那里学到很多制作妙法。直至现在，烹制鲍参鱼肚依然是吴旺群拿手好戏之一。吴旺群说，想要做好粤菜，材料新鲜很重要，如何处理好食材也是保证菜肴品质的一大关键点。拿焖鲍鱼举例，吴旺群说所有食材必须清理干净，去除血水很关键，如果这一步没能做好，煮出来的鲍鱼就会带有一股淡腥味。

50多年来，吴旺群几乎很少离开灶台外出参加比赛，这也是吴旺群自己觉得较为遗憾的地方。即便如此，她也从来没有停下过学习的脚步，"顺德厨师一直在不断推陈出新，且精益求精，我也要跟上步伐"。吴旺群说，自顺德成功申报"世界美食之都"后，来顺德打卡美食的人更多，对顺德美食的要求自然更高。同时，社会发展带来很多新变化，如何跟紧潮流，做出让客人满意、满足客人口味的粤菜，是吴旺群一直十分重视的问题。

因此,每当她知道哪里有新菜式、新做法,她都会找时间前去打卡品尝,与厨师沟通交流,向大厨学习,然后将新学到的技巧、处理手法融入自己菜肴中。不断地学习、创新,这也是吴旺群不断提升、精湛厨艺的秘诀。

时至今日,年近70的吴旺群依然保持着活力,坚守在厨房一线。从踏入厨房起,吴旺群几乎没有休息过,每天都保持充沛精力,早上9点左右到岗,常到晚上10点才离开厨房。

吴旺群说,她自己除了生孩子的时候休息过一个多月,以及2020年因为疫情餐厅休业一段时间外,从未长时间离开过厨房。

做厨师最重要的是用心

相对顺德厨师界的其他名家,吴旺群也许是较为低调,获得荣誉较少的一位大厨,但这丝毫不影响她在老饕心中的地位。

■ 烹制佳肴,吴旺群独具心得

现在，吴旺群在大良的一家小型私房菜馆做大师傅。私房菜馆虽小，菜品质量却高，标价从七八十元到五六百元，售价一两百元的菜更是普遍。不少食客都是冲着她去占位子。"知道是你掌厨，我们就不用想太多，随便点都可以。"这是不少熟客对吴旺群说过的话。有的熟客还会将点菜权交给吴旺群："今天吃什么好，我们听你的。"食客对吴旺群的信任，让她获得满满成就感。

"做厨师，最重要的就是用心。你有没有用心思做菜，客人是知道的。"这是吴旺群经常对她的徒子徒孙们说的一句话，而这也是她能获得食客认可最重要的原因。

熟悉吴旺群的食客知道，她有个习惯，那就是她经常会在完成烹饪后，到前台与食客交流，了解食客对菜肴的评价和建议。

有不少常客还会跟吴旺群交流自己曾经吃到的一些新鲜做法。吴旺群说，与食客交流，不仅是为知道客人对本次菜肴的反馈，更多的是希望能从食客那里知道一些美食的发展变化，能很好地把握最近的美食潮流和口味变化，也有助于她自己烹饪技巧的提升和改进。

对于吴旺群来说，烹饪从来不是一件辛苦的事情，在近55年的厨师生涯里，吴旺群用自己的实际行动践行初心，一直热爱着自己的事业。

第十七节　砥砺奋进数梁明

扫码观看专访视频

> 梁明：1959年出生，顺德伦教人。
>
> 1976年入行，是顺德较早一批到广州名店学习的人员之一。1976—1986年任均安茶楼点心主管。1985年考取一级点心师后，以专家身份商调顺德中旅任点心主管，短时间内助其扭亏为盈。其间先后多次参加佛山地区代表团赴港澳考察，并连任四届佛山地区美食节评委。20世纪80年代初，积极拜访省港澳名师并引进有关饮食文化的书籍。

在生活困难的年代，他不惜成本寻访名厨学习厨艺；因为勤奋好学获得培训机会，他潜心学技，连续考级；对读书情有独钟，他挑灯学外语，最终将所学知识应用到烹饪技术上。他就是梁明，在顺德土生土长的厨师，他的故事激励年轻人不断进取。

刻苦学习　寻访名厨

20世纪70年代初期，14岁的梁明出来工作，刚开始在均安公社打工，后到均安供销社，在旅店当服务员。供销社要选派7名年轻员工到勒流供销社比较出名的两家饭店去学习。梁明由于勤奋工作，表现突出，成为人选之一。

"当时勒流的鼎力和胜利两家饭店比较出名。"梁明说，"那时还没到改革开放时期，生活困难。祖辈经常说，近厨得食，学厨总不会饿死。" 茶楼5点多开门，梁明凌晨2点多就起来，到厨房做好准备等厨师上班后马上投入工作，每天下班他将厨房收拾好再回家。

因勤奋好学，第一年年终奖梁明获得一等奖，奖励5元，那个年代才2

■ 当年珍贵照片，艰辛磨砺岁月（三排左五为梁明）

毛多一斤鲮鱼，他把奖金全部买下鲮鱼，请大家好好大吃一顿。

由于勤恳学习，待人友善，不久，他又获得到广州学习的机会。"当时去西区食堂，后又到荔湾饭店学习。"梁明每到一处学习，都不忘寻访名厨。名厨许衡是他的姨丈，先后在陆羽居、八景、新奇亭、南国、矿泉宾馆等店主理厨政。梁明经常向他请教厨艺，还让他介绍其他名厨，梁明皆去拜访。

兢兢业业　不断晋升

从踏入厨艺界第一天起，梁明就兢兢业业，不断晋升。他清楚记得，当时刚入厨房学习，首先学的是案板工作。白案为第一步，就是做面包外皮、搓粉等；然后学红案，学习做馅料。他说那时觉得搓粉最难，因全部要靠人工来做，而每天都需要做大量的面包皮，所以一天下来相当辛苦，但他终于熬过去。

在勒流两间有名饭店学习后，他回到均安供销社担当大厨。然而，他没有因此满足，而是继续兢兢业业地工作。1983年，24岁的他考取三级点

■ 梁明（后排右一）与师友们［梁巨权（后排右一）、周礼添（后排左一）、简大潮（后排左二）、伍湛祺（前排左一）、康海（前排右二）、梁鸿帮（前排左一，原顺德饭店名师梁富明之子）］合影

心师，接下来的两年连续考取二级点心师、一级点心师。由于技术得到认证，1986年他被顺德中旅社聘任，迁到大良工作。

就这样，梁明在自己的岗位上一丝不苟，得到不断晋升机会。

活学活用　与时俱进

梁明说："自己读过7年书，但我深感读书太少。时代不断进步，我们必须不断学习，才能紧跟时代步伐。"

他刚踏入厨艺界时，如饥似渴地学习各种各样书籍。刚入行学做点心，我要研究面粉、油、糖、蛋间的作用。我始终认为，知其然又要知道其所以然。为何白糖能让点心变软又能变硬？这些道理必须要弄明白。我特意请教一位大学教授，他告诉我，有一本名为《白糖在食品中的作用》

■ 梁明（左一）一丝不苟，从未停息

■ 梁明（左）与后来的粤菜大师罗福南（右）一起

的书也曾经对此有研究，解开我许多困惑。"有感于此，梁明争取各种机会，到广州、香港、澳门等地去学习别人的知识。

因为父母都是教师，梁明在父母的影响下，深知道经济发展、社会进度会迎来更多对外的机会，而要跟上大潮，必须要懂得外语。20世纪70年代中期，他用收音机学习英语。此外，他还自学许国璋编写的大学英语教材。因为懂英文，他曾在20世纪70年代末80年代初，在顺德本地学校开设的英语班任代课教师。

在厨房打滚几十年，他见证了饮食行业的发展。

20世纪70年代，物质匮乏，没有发粉就自己用白矾和生粉等材料来制作；

■ 在厨师界，梁明是少有的熟悉英语的厨师，这令他对饮食有一种特殊的理解

油和蛋也经常不够，所以只能凭经验在物质匮乏的情况下尽量做好口感。到80年代，业界开始接受新事物，设备、原材料、技术、人才等汹涌而来。90年代，新兴事物开始涌现，如西点兴起、饼屋出现，迎来一番下海潮。到21世纪，中央厨房、中央工厂出现，资讯发达，网购兴起，一切都更趋向标准化。

虽然梁明学习英语似乎和他厨师工作没有多大关系，但他到后期就感受到懂外语的优势。一些进口的机器、进口的材料，说明书都是英文，他可以不借助翻译，直接看原版说明书，这就更能直接地了解其用途。不但如此，他还可以通过一些外文书籍获得更强的理论作为支撑，将更好的方法运用在工作中。

谈及传承和发展，他非常希望能激励更多本地年轻人走进厨房，传承和发扬顺德传统厨艺。对于创新，他认为，必须要在尊重传统的前提下加以创新，这才能让传统得以发展。

第十八节　弘扬美食吴兆伟

扫码观看专访视频

吴兆伟：1959年出生。

佛山市顺德区厨师协会副会长、中国烹饪大师、粤港澳十大名厨、中式烹调师二级技师，曾获2014年顺德美食厨艺大赛"古法顺德菜"金奖、2015年世界粤菜厨皇大赛金奖，在2015年广东省餐饮行业职业技能中式烹调竞赛中获"金牌厨师"称号。

父亲最拿手做脆皮鸡

■ 现场展示烹饪妙法

在吴兆伟的记忆中，奶奶是个扎脚妇女，在家里这么多人中，她的厨艺最了得。但那时物质匮乏，常煮的不外乎是绿豆焖节瓜、虾米炒椰菜。

"还记得小时候，鱼塘的虾突然死了，浮在水面上。大家将虾捞上来，做成虾米。"他回忆说："捞上来的虾洗干净，用盐水煮过，晾晒。再将虾放进布袋，使劲地摔打布袋，让其脱壳，之后将虾和壳一起放在大簸箕上去壳，最后就剩下虾米。"

关于小时候厨艺的记忆，吴兆伟说更多来自他父亲吴作基。记忆中的父亲，是村里最出名的厨师。"他入行时只有十几岁，那时爷爷已经去世。"吴兆伟说："他13岁在云吞面店铺做学童。那时生活很艰难，每天早上开铺都见到有几个人饿死在路边。因此，我入行时，他强调学厨总不会饿死。"

"父亲做云吞面、点心和煮菜都很在行，他的脆皮鸡做得特别好。"吴兆伟说："他要我们学习做，但并没有多少一本正经地教学，而是让我们看着他做。他将鸡洗干净，用盐和糖涂抹鸡身内外，约半小时后清洗干净，将鸡身抹干，然后用白醋、麦芽糖等开一锅脆皮水，不断淋鸡身内外，这道工序叫'上皮'；然后将鸡吊起一日，等鸡皮全干，再放入油锅炸，油炸至鸡皮红脆，脆皮鸡就做成。这是他的拿手菜，脆皮鸡吃起来外脆内嫩还有肉汁，美味可口。"

从父亲口里，吴兆伟常听到一些与其父亲共事过有名的厨师，但仅是昵称，如"鸭仔三""淋哥二""杨超""刘文""冯佐"等，这些都是当时非常有名的厨师，比其父亲还年长十年八年，可惜已无法寻得他们真名和人生成就，吴兆伟常感遗憾。从父亲口里，他也常听到经典的顺德菜名，如八宝全鸭、蟹盒、炒生鱼球、炒鱼卷、野鸡卷、炸牛奶、炒牛奶、鱼腐等，幸好他得以承传并发扬光大，这令他深觉自豪。

记忆里满满的传统顺德菜

谈起过去的回忆，吴兆伟的脑海里是满满的传统顺德菜。从春节到冬至，他随便都能说出几个节庆经典顺德菜式。

■ 满脑子都是顺德菜的吴兆伟大师傅

每年春节，年初一早上煲鸡粥；中午吃斋菜，斋菜以冬菇、荷兰豆、鲜菇、发菜、生菜、腐竹、粉丝、胡萝卜、玉米籽、云耳、木耳等做成；晚上就用姜蓉、葱蓉和滚油将拜神的鸡做成佳肴美味。

清明节期间，大家习惯以烧鹅祭拜祖先，烧鹅一般在黄连烧鹅英那里订购。饭桌上，通常有荞菜炒五花肉、韭菜煎蛋，点心常有膏煎和笑口枣。

到中秋节，炒田螺是必不可少的经典食品，以紫苏、辣椒、蒜蓉、豆豉等起锅爆炒，然后以炒通菜垫底，盛起田螺。此外，还有清水蒸鱼头。以前的月饼馅料多是豆沙、莲蓉、三仁、五仁等。

比较有意思的是冬至时的腊味糯米饭，里面有自家晒的腊肠、腊肉、虾米。糯米饭出锅时，总有一种团圆的味道。

吴兆伟就是吃着这些传统的顺德菜逐渐长大，后来，他学厨也对传统顺德菜情有独钟。

严于律己　诚于待人

吴兆伟高中毕业后，便随父亲进入厨艺界。他回忆说："其实我当时不是很愿意学厨的，因为当时比较流行的是进厂工作，但父亲说一定要学厨，要是再有战乱，也不至于饿死。于是，我便听从父亲的教诲，专心在厨艺领域学习。"

父亲的要求非常严格，吴兆伟若烹饪手势不对或速度过慢都会受到严厉批评。父亲常教导他，做砧板工作就如扎马练武术，马步不对就切不好菜。尽管如此，他还是很欣赏和崇拜父亲。他说："他什么事情都要求做到最好，并且待人非常友善。"

刚入行，总会很艰辛。吴兆伟说，当时在饭堂做点心，每天凌晨3:40起床，4:30到达单位。首先，将厨房清洁干净，然后要将一楼的煤球搬到二楼，每天他一个人要搬二三百斤煤球。一年后，他开始学习做点心，如叉烧包、生肉包、蛋糕、蛋卷、核桃酥、甘露酥等。他说学习做点心最难的是打蛋和掌握分量，但在他的勤奋学习下，这些都难不倒他。

■ 声名远播的一代名厨吴兆伟

发扬光大传统顺德菜

20世纪80年代，吴兆伟调往旅游中心，入厨房做炒菜。几年后，他将传统顺德菜做成半成品，销往省外，这些传统顺德菜包括野鸡卷、绉纱鱼卷、鱼腐等。在他看来，这也是传播顺德饮食文化的一种途径。

后来，吴兆伟到不同地域的餐饮店工作，但都不忘将顺德传统菜做进菜单里，有时还手把手教新入行的厨师做顺德菜。他说："现在比以前材料丰富得多，但我们做传统菜的关键还是要保留，如蒸鱼关键在调味料的搭配和火候，这些基本的传统不能失。"他认为，在保留传统关键元素的基础上可以创新，例如做无骨鱼，就是一种尊重传统的创新。

顺德菜该如何继续走下去？吴兆伟认为在坚持传统的同时，也要着重培养本地年轻厨师，只要人才到位，传统顺德菜才能更好地发扬光大。

第十九节　鱼皮角与区建恩

扫码观看专访视频

> 区建恩，1962年出生，顺德容桂人。顺德非物质文化遗产凤城鱼皮角制作技艺代表性传承人。

与父母一起做鱼皮角

区建恩外公陈永伦为大良人。20世纪40年代，陈永伦在番禺大岗经营"伦记酒楼"，以鱼皮角为主打菜品。

当年，区建恩母亲排行第三，特别瘦弱，人称"歪三"。外公想方设法让她壮硕一点。于是，他与店中厨师共同研究鱼皮角的制作，好让女儿吃得更好，长得胖一些。技艺与文化，就在这种充满温情的时间中慢慢承传。

■区建恩致力推广顺德鱼皮角美食

后来，区建恩父亲区林在陈永伦亲授下掌逐渐掌握鱼皮角制作技艺，70年代，其父亲将这一技艺传给区建恩。

当时物质缺乏，其母亲每天都将节省下来的鱼票、猪肉票储起来。年底，她就捏着鱼票、猪肉票去买鲮鱼、猪肉回来。她将鲮鱼杀好，父亲刮鱼青，他们就在厨房里默契地忙活大半天，将肉馅做好，而他们兄弟姐妹则充当助手，更边学边做。大家就在这种精致、讲究、严谨却充满温馨气氛中默默承传这一古老技艺，更承接着顺德人料求足、工求精、味求鲜的饮食风格。一碗热腾腾的鱼皮角，成为他们传承与坚守顺德美食的特别呈现。

在大明酒家开始学艺生涯

1978年，区建恩高中毕。他闻说容奇旧马路大明酒家招聘制作月饼季节工，一直想投身厨业的区建恩立马报名。

制作月饼，最大的好处是可偷偷品尝。他们当时觉得绿豆沙月饼特别甜美，如今回首，那是当时食品匮乏所致。

当时，他们边做月饼，边闻到食物香味，天天如此，心满意足。此外，在酒家打工，两餐饭保证，彻底解决肚子问题，当时他觉得特别满足。因此，干活分外卖力，总希望大师傅把他收为徒弟。

月饼季过去，区建恩申请到厨房做学徒，不过，酒家厨房已满，他只能做楼面。他二话不说，立马上班。

每天凌晨4点，他就到单位。5点，酒家开门。门一打开，一批早已等候门口的老人纷纷就坐，他们喜欢每天坐在同一个位置上饮早茶。

每天，区建恩双手拿4个大水壶，从一楼跑到二楼，从未停歇。斟茶、拖地、倒痰盂迎来送去，他从未感到疲惫，相反，从中，他观察到食客的表情与需求，研究到不同时段的茶点特征，感受到彼此形成的深厚友谊，领悟到勤奋劳作后的丰厚收获。

早上9点下班后，他都留在茶楼，走入厨房，默默地帮助厨师们打下手。

他边干活，边细听厨师们闲谈，眼睛则悄悄观察着厨师们的手法，心里记下他们的观点与技法。每天如此，心得渐多。

几个月后，父亲告诉区建恩，酒楼一位名厨同意收他当学徒，可正式进厨房工作。终于可踏进饮食大门，区建恩欣悦难描。从此，他成为厨业界一名新人。

鱼皮角在传承中走向世界

在酒楼当学徒的同时，区建恩逐渐掌握家中鱼皮角制作技艺。当年，由其父亲一脉相承的鱼皮角制作技艺，逐渐成为小食店的品牌主食。他们制作的鱼皮角，用料纯正，制作讲究，洁白鲜嫩，香滑爽口，后将其发展到蒸、炸、放汤、火锅均可，突破传统鱼皮角的食用空间。

经过父亲的精心传授，区建恩成为第三代传人。他不仅完整保留鱼皮角传统制作技艺，更增加鲜虾仁、大地鱼末与腊鸭肝等材料，以提升馅料的饱满度和鲜美度，使鱼皮角更香滑美味，令食客充满惊喜感。

1985年，区建恩在容桂观音堂路口经营饭店，菜牌中就有特色鱼皮角。饭店临近105国道和顺德港，每天都有外地客人途经，更进入饭店，无

■区建恩（右二）与同道们致力推广顺德美食文化

■ 区建恩推广顺德非遗：凤城鱼皮角制作技艺

不称赞他们的鱼皮角。

有时，遇上北方宾客，他们要点饺子，区建恩则建议他们尝试一下顺德饺子。他们品尝后，顿觉鲜美特别，赞不绝口。这也成为区建恩在后来向全国推广鱼皮角的灵感。

有一次，广州客人品尝他们的鱼皮角后，问他能否送货到广州大同酒家，区建恩一口答应。于是，他每两天一次，骑两小时摩托车，将鱼皮角送往广州。后来，料足味鲜的鱼皮角名声渐彰，他开始将鱼皮角送往流花宾馆、东方宾馆、广东大厦宾馆、中国大酒店等广州名店，逐渐打开广州市场。

1988年，区建恩建起食品厂，将鱼皮角制作进行机械化批量生产。20世纪90年代初，雪糕冰柜在商场流行，鱼皮角走进广州各大商场，逐渐增加超市生鲜零售新模式。

此后多年，区建恩在坚守传统制作技艺基础上，不断深入研发，以标准化的生产流程，利用现代速冻技术，以冷冻包装运输的方式，进一步推广鱼皮角的销售与传播，令诞生于水乡深处的鱼皮角，通过他的努力，突破区域限制，推向世界各地。2002年，区建恩经营的食品公司，获美国HACCP认证，鱼皮角可出口到美国、澳洲等地区，最终实鱼皮角在传承中走向世界的家族梦想。

从一碗鱼皮角的行走轨迹，可折射出顺德在不同时代的发展脉络与顺德人对美食制作与推动的不懈追求。

传统鱼皮角与时尚元素结合

区建恩自小喜欢古诗、对联，也喜欢粤曲。有一年，他在大同酒家结识一位粤剧老倌，从此，他就向他学习粤曲。

后来，他将鱼皮角制作技法与味道特色唱进粤曲里，深得宾客与粤剧名家赞赏，他还将顺德饮食文化唱进粤曲甲。此外，区建恩举办"欣得和老倌有个饭局"，更拍微电影、做非遗文化美食展览中心、做直播间、经营打卡点，全方位推动鱼皮角宣传。

2019年11月，"凤城鱼皮角"非遗文化美食展览中心正式揭幕。

2021年，他把鱼皮角故事拍成微电影后，也把展览馆扩展增加《凤城鱼皮角》体验馆，尝试做直播，也给客人来一个亲自动手边学边做，做出后自己品尝自己的劳动果实。

区建恩对此深有感触。他觉得，自己从厨房学徒成长为非遗技艺传承人，一直得到各级政府、社会各界及顺德美食餐饮界的帮助。如今，打造出凤城鱼皮角非遗文化美食展览中心，他真诚期待能将"凤城鱼皮角"美食文化往深与广领域推广，以作对家乡的深情回报。

一碗鱼皮角，一段顺德美食故事。

第二十节　成功转型龙仲滔

扫码观看专访视频

> 龙仲滔：祖籍广东新会，1965年出生。
>
> 现任佛山市顺德区龙的饭店有限公司董事长、总经理。1996年，顺德市政府精神文明委员会授予其"文明市民"称号；1999年，代表顺德参加第四届全国烹饪技术比赛获团体金奖；2000年被评为"顺德十大名厨"；2000年获"国家高级厨师"称号；2002年中国烹饪协会评其为"中国烹饪名师"，龙的酒楼被评为"中华餐饮名店"；2002年获得"全国餐饮业管理成就奖"。

在"到会"中全方位锤炼

在顺德，"龙仲滔"的名字，可谓家喻户晓。

顺德厨师群像中，个个都手艺高超，但龙仲滔算得上是"新典范"。除传承和发扬顺德饮食文化、钻研顺德菜国际化表达外，他多年坚持学习和自我提升，常年自学管理知识，后在中山大学进修工商管理课程，从一位名厨成功转型为一名企业家。其蜕变与提升，可折射出顺德饮食界人士可贵的文化自觉与难得的决断和坚守。

1982年，刚高中毕业的龙仲滔来到顺德商业局主管的一家酒楼当学徒。学徒工每个月只有30元工资，但是龙仲滔毫不计较，做事认真又主动。因为，在他心里，他还有更大的梦想要去实现。当时正值改革开放之期，顺德计划在法国建设中国城，需大量厨师，怀着出国梦想的龙仲滔希望凭借厨师的手艺去看看国外的世界。

"从学徒开始，刀工、选料和配菜、炒菜等都要做。"头脑灵活的龙仲滔在老师傅的言传身教下，学习老师傅高尚的厨德、精湛的厨艺、严谨的食品安全、一丝不苟的整体卫生。"经验就是要多学、多问、多看，见事做事，积极主动。"龙仲滔很快得到老师傅的认可，并跟随老师傅主理

■国家高级厨师龙仲滔

"到会"。

当时按顺德农村风俗,每逢喜庆佳节,全村老少都会出动,大摆筵席以示庆贺。这种喜庆的场面,顺德人称"到会"。一般"到会"的规模是从十几桌到上百桌不等,酒席需经验丰富、技艺高超的厨师来主理。学徒经常跟师傅到农村帮厨。因此,"到会"也成为初出茅庐的学徒们学习烹饪技艺的重要方式。

"我的厨艺就是当年帮人摆喜筵练出来的。"龙仲滔介绍,当时帮厨虽然一天只有5元钱,但有显示身手的好机会。由于当时经济条件有限,一桌菜要考虑成本核算问题,大厨就要花心思提前准备菜谱,以便把主人家的酒席办得既好吃,又有排场。

另外,由于在乡村,灶台都是临时搭建,还需大厨根据宴席的数量亲自设计炉灶,这是在酒店后厨不曾遇到的情况。"灶膛的深浅决定灶火的火力,如果设计得不好,火不够旺导致菜不好吃,以后就没人请你去帮厨。"龙仲滔曾经主理过100桌的喜宴,这不是一件容易的事。

作为主厨,需要考虑用料、协调人手,这些经验为他日后走向管理层、创立自己的餐饮品牌积累丰富经验。

在这样磨炼下,龙仲滔迅速成长,很快就从学徒到厨师,再成为总

■一代名厨与酒店管理者的龙仲滔

厨。短短3年时间，他就成为南苑山庄的厨师长，2年后，又被调到新开业的凤城酒店做餐饮部主管。

在凤城酒店做主管期间，龙仲滔服务过很多社会名流人士，还有李兆基、郑裕彤等顺德籍香港富商。"这些客人到来时，我都是用头锅给他们做饭，以示客人身份的尊贵。"龙仲滔说。

从大厨到酒店管理者

此时，走向管理岗位的龙仲滔深刻意识到，餐饮这一传统行业的发展核心在于管理，中餐要发展，除却特色外，还要走管理标准化和规范化的道路。当时厨师队伍文化素质普遍较低，影响烹饪水平提高。因此，厨师必须向高文化、高学历、知识型技能方向转变。

工作一段时间后，龙仲滔承包下凤城酒店餐饮部，推行以成本核算为目标的改革，并在中山大学工商管理班进修，学习6年工商管理。2000年，龙仲滔开始正式筹备龙的酒楼的建设。如今，经过近20年发展，龙的饭店

■ 不断奋进，层楼更上

有限公司已经是集写字楼出租、物业管理、食品生产、月饼礼饼、酒席、茶市、宴会、商务宴席、物业等于一身的集团化企业，其核心产业龙的酒楼也被评为"中华餐饮名店"。

"现代的餐饮行业企业家、厨师不仅要埋头苦干，而且必须要灵、巧、钻，既要坚持肯干肯拼，又要坚持方向做下去，这样才能够有所收获。"从名厨到企业家，龙仲滔如今依然倾注大量心血坚持不断学习和超越自己，多次跟随大良街道办、顺德工商联到香港、北京等高校"走出去""请进来"，去学习全新知识与现代概念，以厨师的视角研发和推广菜式等，事无巨细站在一线，他又以管理者身份，提升服务质量，拓展产业生态链。

龙仲滔期待自己能将龙的饭店有限公司每一个产业不断提升，将各个产业之间形成互相支持和互补的良性循环，形成一个生态圈，不断裂变出新的价值体系。"始终围绕着不断超越自我、务求顾客感动的宗旨，跟上顺德经济社会发展的需求，从而建立'龙的'生态系统、构建'龙的'核心竞争力，去满足顾客更高的要求，这最重要。"龙仲滔说。

附：顺德名厨图谱

　　顺德名厨的师徒承传，递送的不仅是烹饪技法与市场经验，更传授一种对自然、物料、世界、人间长期观察后的深刻领悟，而对修养道德严苛的要求，更是师徒传承的灵魂。

　　因此，顺德名厨师徒们无论是动作、神态、技法都能让人触摸到不可言传，却特征明显的血缘底色，更能感受到上一辈名厨为人处世，做事修养那种一丝不苟与精益求精的文化内核已融化到年富力强的当代大厨身上，令人欣悦地体味到顺德饮食文化与工匠精神的一脉相承与如今的弘扬光大。

顺德名厨图谱

顺德十大名厨

| 罗福南 | 谭永强 | 龙仲滔 | 欧阳叶伟 | 冯永波 | 李灿华 | 连庚明 | 陈德和 | 何锦标 | 梁兆荣 |

2007年顺德名厨

曾育森	麦显勤	盘庆才	罗伟洪	罗家荣	关家乐	温兆泉	梁永添	潘汝南	冯伟雄
黄剑雄	蒋志刚	曾锐文	林潮带	伍国兴	罗志坚	张长荣	温永森	马国成	林永标
卢建辉	罗福明	程焜伦	陈建超	吴南驹	冯永甚	李祐枝	卢建骚	李伟德	廖汝鹏

2010年顺德名厨

孔庆聪	黄志均	覃宇奇	刘绍华	麦盛洪	何君勉	何益伦	梁健光	李锡强	陈锡金
吕潇添	岑洪坤	冼伟开	王福坚	罗志恒	何就森	叶建锋	黎永强	覃游标	罗祖金
马澄根	王勇坤	龙德潮	罗远文	梁锦华	刘均平	曾有洪	徐金生	卢锦亮	何志成

2013年顺德名厨

梁兆基	曾纯辉	罗惠全	何有亮	陈锦桂	黄德恩	李耀苏	吴超玲	张　永	张礼鸿
卢远池	洪永标	梁冠洪	郭尧生	何健能	梁保发	翁坚强	苏伟华	卢坤学	欧阳广业
钟润超	梁路明	龙定坤	卢伟文	何泉兴	何盛良	罗志斌	吴坤全	李建棠	梁　惠

2018年顺德名厨

| 黎召贯 | 梁永鹏 | 刘广华 | 何定文 | 梁锦辉 | 颜景瑞 | 苏伟健 | 关永忠 | 卢伟强 | 冯兆广 |
| 黄冠华 | 覃　裕 | 杨志广 | 余业雄 | 麦锦华 | 刘兆元 | 罗培枝 | 甘满枝 | 何雪芬 | 黄干辉 |

2019年顺德青年名厨

| 陈林安 | 黄　清 | 张　臻 | 吴冲华 | 林华养 | 李带起 | 冼耀权 | 梁嘉裕 | 何远强 | 黄远飞 |

2020年顺德名厨

| 郑远文 | 冼国坤 | 吴冲华 | 冼超洪 | 孙永康 | 徐洪威 | 吕文锋 | 朱志保 | 吴换标 | 何建辉 |

2020年顺德名青年厨

| 杨国晖 | 李志洋 | 冼世民 | 曾嘉沛 | 林荣发 | 邓先发 | 麦兆财 | 植梅兰 |
| 罗春松 | 罗力铭 | 麦振华 | 黄柳程 | 童锟锟 | 聂树林 | 陈剑艺 | |

第三章

缤纷菜式　经典承传

——顺德菜的承传与创新

　　菜谱与菜式，是历代名厨穷尽一生的智慧精华与经验要义，但因偶然事件或时代变迁，却往往踪影难寻。重新挖掘与梳理失传菜谱和菜式，可接续顺德美食历史与文化精神，更让粤菜春圃老枝著新花；而创新与改进传统菜式，则可引导人们在品尝那久远滋味与理解现代美学的同时，去咀嚼饮食口味的变迁与不变的精神。

第一节 再现失传菜式

世界美食之都顺德，食肆林立，每一家店都有招牌菜，每一种滋味皆有说法。然而，可有一些童年的味道，因时代的快节奏，因工艺繁琐而淡出视野消失于餐桌，令人思之却无法忘怀。

传承是最好的怀念，为再现经典、重温美味，弘扬顺德美食文化，罗福南、李灿华等六位名厨对二十多道几近失传的菜式进行研究和梳理，在传承的基础上创新，重新整理出品，赓续那美味神髓。

一、顺德失传菜宴席

顺德名厨将顺德失传名菜重新整理，烹制出一席代表昔日风味、展现当代厨艺的失传菜宴席，以接续顺德美食传统，更为大众提供足可品味传统顺德美食意蕴的难得机缘。

失传的味道——沧海明珠

上汤虾皮饺　雪花田鸡片（炒）　茶蔗熏鲮鱼　六味烩长鱼　白玉藏珍宝（烩）　穿心水鱼（焖）　绿豆扣田鸡　凤城烧笋尾　花雕焗鸡　锅贴凤尾虾　燕窝鹧鸪粥

燕窝鹧鸪粥

材料：干碎燕窝、鹧鸪、山药、熟瘦火腿、鸡蛋清，顶汤、姜、蒜、猪油、盐、白糖、味精、胡椒粉、料酒、水淀粉。

烹饪方法：

1. 清水浸软燕窝，择洗干净。

2. 清水洗净鹧鸪，飞水，剁去掉头脚，放入盘中，加顶汤、姜片、葱，再放料酒、盐、味精，转入蒸柜蒸焓，取出，剔骨头，肉切成小粒。原汤过密筛，待用。

3. 山药上蒸柜蒸热，取出，剥皮，以刀压成泥，少许顶汤调开，待用筷子搅散鸡蛋清，火腿切成末。

4. 开水余两次燕窝，放进顶汤入蒸柜蒸软。

5. 将锅烧热，注入猪油，烹入料酒炝锅，燕窝连汤放入鹧鸪肉粒、山药茸；已过密筛的鹧鸪汤倒入，下盐、白糖、味精、胡椒粉；汤开后，以水淀粉勾琉璃芡，鸡蛋清倒入锅内推匀，盛入汤锅里，撒上火腿茸即可。

■ 燕窝鹧鸪粥

扫码观看制作视频

锅贴凤尾虾

锅贴鲈鱼块，由顺德名厨龙华师傅创制。锅贴凤尾虾是在锅贴鲈鱼块的基础上改良而成的。水乡顺德，厨师钟情百鱼百味，煎炒焖焗、汤羹油炸凉拌，手法巧、刀工劲。火候足，吃法淋漓尽致而不失精巧，群英荟萃，各领风骚。其中最香口者，莫过于这道锅贴凤尾虾，以肉鲜爽滑的虾肉为主材，配以咸方包、肥脊肉，以煎为主，在干锅中以高温逼出食材的原味，香脆鲜嫩，一食难忘。锅贴凤尾虾独具鲜甜虾味，别有一番风味。

扫码观看制作视频

■ 锅贴凤尾虾

材料：虾、火腿粒、咸方面包、脊肥肉、芫荽叶、顺德二曲酒、盐、糖、鸡粉、蛋清（稀浆）、生粉、生油。

烹饪方法：

1. 将脊肥肉用顺德二曲酒腌2～3小时，再切成4厘米×3厘米长方形，将咸方包冻硬切成厚0.2厘米、长4厘米、宽3厘米的长方体。将虾开背去壳、去虾线，清洗干净抹去水分后，调入味料拌匀待用。

2. 将肥脊肉块放入蛋清稀浆拌匀，分别放入盘上铺平，加入咸方包一块，再放虾一块，虾面放芫荽叶一片，撒上火腿粒，先稍微煎一下底部，淋热油定型后再煎，以半煎炸至面包香脆，虾熟便可。

花雕焗鸡

扫码观看制作视频

花雕焗鸡，由顺德厨师黎和创制，声名远播。《岭南文化》载："花雕鸡，北园酒家名厨黎和创制，为该店十大名菜之一。"

黎和，顺德杏坛人。20世纪60年代，黎和改良花雕肥鸡的传统烹制方式，创制"北园花雕鸡"。制作时，先将光鸡放入沸水中烫浸，捞起晾干水分后，在鸡身上涂上蜜糖，再用蜜糖、蚝油、调味料及上汤调成味汁。猛火烧热瓦罉，放入肥肉片，待肥肉榨出油后，鸡放肉上，翻煎至金黄色，即加入姜葱，倾进花雕酒略煎片刻，添进料汁加盖，猛火烧沸后用慢火焖熟。上桌时方揭盖，香气四溢，肉鲜嫩滑。原澳门商会会长何贤每参加广州交易会，必到北园品尝此菜，赞道："花雕鸡的汁特别好味。"

瓦罉花雕鸡传回顺德后，顺德厨师加以改进，在1990年大良桥珠百鸡宴上，以花雕鸡飨客。原清晖园楚香楼花雕鸡，被载入《顺德美食精华》。

如今，罗福南师傅对花雕鸡再次改良，将"焖"改为"焗"，以酒香衬托鸡香，调和滋味，且使鸡肉仅熟，嫩鲜不柴，彰显顺德菜清、鲜、爽、嫩、滑特色。

■ 花雕焗鸡

材料：光鸡、肥肉、姜葱、五年花雕酒、猪骨汤、蚝油（李锦记旧庄蚝油）、味精、蜜糖。

烹饪方法：

1. 将光鸡清洗干净，飞水，去毛针后，再烫水取出，滤干水分，涂上蜜糖，晾干待用。

2. 猛火烧煲，放入肥肉煎油，将鸡两面煎至金黄色，加入姜、葱与鸡拌匀，馈酒（顺德烹饪手法的专业用语，指锅正在烧热的时候，再放入酒。），再放入二汤、花雕、蚝油、味精后加盖，用中火煲焗至熟。焗时将鸡两边转身，焗的时长视鸡的大小而定，中途熄火焗片刻，再开火焗片刻，如此反复几次至鸡熟，将鸡斩件摆盘，淋上原汁便成。

（注：味料不落盐、糖。）

凤城烧笋尾

笋尾，是顺德人对猪大肠头的雅称。一道凤城烧笋尾，最能体现顺德菜粗料精制、妙在家常的特点。

原料选用猪大肠头，卤水汁选用白卤水，取其味道香鲜咸且不易喧宾夺主特质，保持原料本色。大肠头卤制风干后再油炸，并伴以酸姜装碟。

■ 凤城烧笋尾

笋尾金黄咸香，酸姜嫩白清爽，再配以秘制唥汁或糖醋，令人举箸难停。

材料：猪大肠、姜、葱、料酒、盐、生抽、冰糖、水、鸡粉、果皮、糯米酒、汤。

扫码观看制作视频

烹饪方法：

1. 将鸡壳、猪骨飞水放入罉内，注入滚水6500克，加入姜、果皮先猛火后转中慢火煲至得汤3800克左右，加入白卤水香料煲至出味，调入味料煲至糖溶便成白卤水待用。

2. 将大肠洗干净，沥干水分放入盆里加白醋拌匀，再放面粉，用手反复拌匀大肠，洗干净，沥干水分再放白醋拌匀，再加入面粉反复拌匀，用清水洗干净，飞水取出。

3. 将姜、葱用油爆香，加入滚水、料酒，放入大肠煲焖，取出放入滚开中的白卤水慢火浸40分钟，浸至入味取出抹去水分。

4. 将皮水料拌匀，涂上大肠头，用钩穿上，挂在通风处晾干。

5. 烧锅下油，烧至油温150摄氏度放入大肠，以中火浸炸至呈红色捞起，将油加温放入大肠轮炸，捞起，切成5厘米×3厘米，放入已摆酸姜的碟里便成，另跟唅汁或糖醋。

绿豆扣田鸡

扫码观看制作视频

绿豆扣田鸡，可说是顺德人炎夏美味回忆中的吉光片羽。

绿豆清热解毒，有"吉祥豆"美誉。李时珍盛赞其为"济世良谷""食中要物""菜中佳品"。青蛙，岭南人因其生于田中，肉味如鸡，称为"田鸡"。南朝医家陶弘景赞为"食之至美"。中医认为可解烦热，治热结肿毒。因此，绿豆配田鸡入馔，堪称消暑除热的绝妙搭配。

绿豆扣田鸡源于家常菜绿豆煲田鸡，美称"老蛤藏岩"，两者功效相得益彰。绿豆扣田鸡拼摆更细致，肉质更滑嫩，大受欢迎。

1989年，时任顺德中旅社饮食部大厨的罗福南师傅在佛山市第二届美食节上以绿豆扣田鸡一菜获得金奖。绿豆扣田鸡的优化，可体现顺德人对美食精益求精的不懈追求。

材料：田鸡、去皮绿豆、冬菇、芫荽、蒜子、果皮丝、蒜蓉、盐、糖、鸡粉、生粉、生油、蛋白散、胡椒粉、二汤（猪骨汤）。

烹饪方法：

1. 将活田鸡开肚取内脏，用刀在田鸡耳后斩头斩脚趾去皮，清洗干净，去骨斩件，绿豆用50摄氏度水温浸发（带壳绿豆用清水加热滚去壳，清洗干净），将蒜子油炸至浅金黄色，留油。

■绿豆扣田鸡

2. 将田鸡调入味料拌匀腌味拉油。倒去余油下锅，放入已炸过的蒜油，加入蒜蓉、姜片、蒜子爆香，加入二汤、陈皮、田鸡焖5分钟捞起，放入已洗过的去皮绿豆加味焖。

3. 将马兜放入冬菇一只，将蒜子围住冬菇，周围摆放田鸡，再放已焖的绿豆加入原焖的汤汁，转入蒸柜扣至绿豆原粒不烂、又起粉，取出。将原汁倒出（用马兜装汤汁）将深圆碟盖住马兜，反转，转动一下马兜，取去马兜。将汤汁推芡，包尾油淋入田鸡面，撒上胡椒粉便可，芫荽摆周边。

穿心水鱼（焖）

材料：水鱼、火腩、已发好的小花菇、蒜子、姜片、葱条、蒜蓉、陈皮丝、姜蓉、盐、糖、鸡粉、味粉、老抽、麻油、胡椒粉、蚝油、生粉、生油、二汤。

烹饪方法：

1. 水鱼放血，烫水，

■穿心水鱼（焖）

扫码观看制作视频

去衣，由尾部上裙上硬壳划开，以剪刀跟裙上硬壳，分开至近颈硬壳上，水鱼双连；揭开硬壳，取出内脏，去水鱼膏、软管，斩脚趾、去肺，清洗干净；水鱼飞水洗净，火腩改切成厚块。

2. 猛火烧锅下油烧油温至150摄氏度，放入原只水鱼，拉油炸，倒入爪篱，隔油，洗干净，抹去水分，将水鱼拍上薄生粉。

3. 猛火烧锅下油烧至油温至150摄氏度，加入蒜，炸透至浅金黄色，倒入爪篱，下锅放入姜、葱、蒜、陈皮丝、火腩、花菇，馈酒。拌匀加入二汤，调入味料加入水鱼焖5分钟，转入事前用底笪垫底的瓦罉内，转入波板炉加盖。猛火转中火，够焓时调入麻油、胡椒粉、老抽，取出水鱼、蒜子、花菇、火腩。将水鱼揭开盖近颈位置，放入花菇排好。中间放入火腩，排好近尾位置，放入蒜子排好，淋入原汁，再用盖盖住原只水鱼外边，将蒜子摆周边，再淋原汁便可。

白玉藏珍宝（烩）

材料：冬瓜顶、发好的鱿鱼干、花菇、虾球、鲮鱼球、鸭肾球、鸡球、烧鸭肉、鲜莲子、鲜菇、大地鱼末、火腿蓉、鸡骨、烧鸭骨、蒜蓉、姜片、葱花、盐、糖、味粉、胡椒粉、蚝油、麻油、湿生粉、二汤、上汤。

■ 白玉藏珍宝（烩）

烹饪方法：

1. 冬瓜顶刨皮，挖瓤，刨成半月形球，用滚水放入冬瓜滚10分钟，放入冷水漂冻后取起，用锅盛载瓜面向上，另将鸡骨、烧鸭骨飞水捞起，放入瓜内，再将二汤下锅加入精盐、味粉，烧至微滚后倒入瓜盅内，转入蒸柜约炖1小时至焓，取出，去掉鸡骨、鸭骨，取出原汤，待用。

2. 烧鸭肉切件，鲜菇、冬菇飞水，上汤味料喂味，将肾球、鸡球、虾球各用湿生粉拌匀；鲜莲子滚1分钟，捞起，将肾球、鸡球、鲮鱼球，用滚水加入精盐飞水捞起，用姜、葱、味料腌干鱿鱼件后飞水，待用。

3. 将锅烧热，下油烧至120摄氏度，加入虾球拉油捞起，再将肾球、鸡球、鲮鱼球、鱿鱼干拉油，倒入爪篱，隔油下锅，加入料头爆香，放入配料，馈料酒加入上汤，调入味料，再推湿生粉芡，加入大地鱼末。再加麻油、生油拌匀，放入冬瓜盅内，复碟再用上汤味料，勾薄芡，包尾油拌匀，淋入冬瓜盅。最后撒上火腿茸，将已炒熟的菜心围边。

六味烩长鱼

黄鳝，俗称"长鱼"。据载，清光绪二十九年（1903），四川李滋然主理顺德县政务，上任初，立下"本县令若有收受民间钱财，不得还乡"的诺言。光绪三十年（1904），李滋然因公触怒上级而撤职。离任时，两袖清风，行李简陋。县民排队相送。一饭店管理高层以竹笋、冬菇、芹菜、红萝卜、陈皮、菜椒等六种配菜切成粗条，与黄鳝丝同炒，再以炸粉丝撒面，做成一道佳肴，为县令饯行。李滋然吃后连声称赞："这味六味烩长鱼好吃！"

此后，受清官高义与县人喜爱，六味烩长鱼在顺德广为传播，并外传至港、澳及海外，成为广州酒家、香港凤城酒家等食肆招牌菜式。在传承中，顺德人不断丰富改良，除主材黄鳝外，配料添加火鸭丝、肥腊肉丝、银芽丝等，镬气更足，味道更鲜，口感更佳。

材料：黄鳝、韭菜、韭黄、青瓜、银芽、香芹、笋丝、火鸭丝、肥腊肉丝、果皮丝、芫荽、湿冬菇丝、姜丝、生蒜丝、蒜蓉、粉丝、盐、味精、白胡椒粉、糖、生粉、生油、鸡粉。

烹饪方法：

1. 将黄鳝灼水，见黄鳝将开口就取出，放入清水里，用一只手抓住鳝头，另一只手用三只手指抓住颈部，鳝身捏实由上至下折内，将鳝肉拆成丝，青瓜切丝待用，笋丝飞水。

2. 将鳝丝拉油隔去余油，下锅落小油，调入蒜茸、姜丝爆香，放入火鸭丝、肥腊肉丝、冬菇丝、笋丝、陈皮急炒，加入银芽、青瓜急炒，再放其他配菜急炒，调入味料急炒，再放入鳝丝、生蒜丝、香芹丝急炒，推调芡，包尾油，撒上胡椒粉炒熟。放入已有炸粉丝周边的碟里便可（可生劏黄鳝起肉切条）。

（注：炸粉丝用200摄氏度油温炸，中途一边抓盖，一边撒水花及加盖，炸粉丝有雪白色捞起，抓一下放入碟里周边。）

■ 六味烩长鱼

茶蔗熏鲮鱼

材料：甘蔗条、新鲜鲮鱼、滇红茶叶、陈皮、粗盐粒。

烹饪方法：削好甘蔗条，在铁镬中以"井"字形层层架叠，中空处放滇红茶叶、陈皮与粗盐粒，将开膛治净新鲜鲮鱼平铺甘蔗架上，镬下以文火干炙，甘蔗受热馏出甜汁溅茶叶、陈皮和热盐上，化成含焦糖、盐香、茶香、陈皮香气的混合热气，热气慢慢将鲮鱼焙熟烘干，使不沾油水的鲮鱼吸收全部香气，却不甜不咸，不粘茶叶，保留鲮鱼鲜甜本味。

■ 茶蔗熏鲮鱼

扫码观看制作视频

雪花田鸡片（炒）

材料：大鱼鳔、田鸡腿、青椒、鲜笋肉、红萝卜片、湿冬菇、葱、姜、盐、糖、鸡粉、蛋清、胡椒粉、麻油、绍酒、生粉、生油、腌鱼卜、碱水、湿生粉、大地鱼末。

烹饪方法：

1. 将鱼鳔开边去尖，用刀尖刻菱形放在码兜内，加入碱水腌40分钟，清水漂清碱味，飞水，过冷水泡沫，捞起沥干。

2. 田鸡腿起骨，切成薄片。用蛋清拌匀加入湿生粉，鲜笋肉切成日字形薄片，滚水泡清涩味，青椒去籽切件。

3. 烧锅下油，笋件拉油，捞出，将田鸡片泡嫩油，倒入爪篱，隔油，下锅放入姜花爆香，加入椒片、鲜笋片、田鸡片、鱼卜，急炒，馈酒，调入味料，急炒，加入麻油撒上大地鱼末、胡椒粉，推湿粉芡，包尾油炒匀，上碟便成。

扫码观看制作视频

■ 雪花田鸡片（炒）

上汤虾皮饺

材料：青虾仁、高筋面粉、生粉、鲜菇、胜瓜、上汤。

烹饪方法：虾仁吸水，用刀拍成虾胶，备用。虾胶调入食盐搓起胶，加入高筋面粉、生粉，大约1∶3分量和成面团，开皮包入馅料即可。

扫码观看制作视频

■ 上汤虾皮饺

二、其他失传菜

网油顶骨鳝

材料：白鳝、烧肉、火腿肉、蒜、冬菇（湿）、陈皮、姜、蚝油适量、网油、柱候酱、盐、糖、西兰花。

烹饪方法：

1. 白鳝刬好，去潺，洗净切成约3厘米备用。

2. 烧肉切成小件。

3. 姜切成片，小部分切成姜小条，火腿切成小条，蒜粒切头尾，陈皮切丝。

4. 烧油，下姜片、蒜粒爆香，下少许候柱酱爆香，下清水、白米酒，水沸放冬菇、鳝鱼，沸后收慢火，以盐、糖、蚝油调味，煮至鳝软

扫码观看制作视频

■ 网油顶骨鳝

滑，捞起。鳝放凉后，将鳝骨取出。要注意的是，需用小刀将左右贴骨头鳝肉轻微划开分离，再慢慢取出中间骨头，令鳝肉完整无损，放入姜条、火腿条。

5. 将网油洗净，晾干水分，将焖好去骨的鳝肉一件一件包好放入马兜装好，蒸热网油后将焖鳝的汤汁调味、调色、打芡淋上，将西兰花煮熟放在周边即可。

龙王抱子

龙王抱子，实为一虾两吃，俗称"鸳鸯虾"，是顺德名厨龙华师傅所创名菜。

以罗氏虾为主材，虾尾捶成扇形，沿碟围圈，状若龙王；虾肉搅拌成胶，搓成蛋状，放于碟内，形似龙子。采用蒸法，不干不燥；红白相映，造型美观；鲜爽嫩滑，无骨无渣，老少咸宜。

材料：罗氏虾、虾胶、蔬菜、芫荽叶、火腿茸、蛋清。

烹饪方法：

1. 罗氏虾去头壳。开背脊去虾肠，洗干净吸去水分，放在生粉上，捶成扇形。

2. 每件酿上虾胶，用蛋清抹滑黏上芫荽叶再黏上火腿茸，分别放入碟里，转入蒸柜5分钟至热取出，摆成两行，将以炒好的蔬菜拌边。

3. 将锅烧热，放入猪油、绍酒、上汤、味精、盐、胡椒粉、麻油、湿蹄粉推芡，加入猪油拌匀，淋入酿虾胶、面便成。

扫码观看制作视频

■ 龙王抱子

■ 镀上酸梅鹅

镀上酸梅鹅

顺德人讲究不时不食，因时而食，一道"镀上酸梅鹅"便是典范。以酸梅甜酸来化解鹅肉厚滞，实为炎夏肉食首选。

镀上酸梅鹅由霍尧师傅创制。酸梅酱汁包裹鹅肉，酸甜嫩滑，多食不腻。

材料：鹅、蒜蓉、姜片、陈皮、酸梅、白糖、盐、味精、白醋、鸡粉、绍酒、猪油、生油、生粉。

烹饪方法：

1. 将酸梅去核，抓烂（酸梅实身不要）待用。

2. 将鹅去肺，清洗干净，抹去水分，用猪油加小水拌匀，擦匀全鹅身，炸至上色待用。将姜切片飞水炸。

3. 将镀洗干净烧够热，下油搪镀后倒去余油，加入蒜蓉、蒜子爆香后加入滚水，调入味精、鸡粉、白醋、陈皮、酸梅茸滚后加入底笪，再放鹅，水以浸过鹅面为准，加入炸姜片、绍酒加盖。先猛火后转中慢火烩至鹅七成烩再下糖，再炆至烩滑。将鹅捞起，再将原汤汁收至浓汁调入盐，推生粉芡淋入已斩好鹅面（姜片放底后放斩好鹅件，摆成鹅形）便可。

凤城蜜软鸡

凤城蜜软鸡，历史悠久。

广州利口福海鲜饭店开业于1939年，专营大良风味，由凤城厨师炒卖，为当时广州饮食行业一枝独秀，其传统名菜就有"凤城蜜软鸡"。

1956年广州首届名菜美点评比展览，凤城蜜软鸡从210款鸡肴菜式中脱颖而出，当选名菜。主制者为顺德龙江名厨戴锦棠师傅。此事载入《广州美食》。1978年，在顺德供销系统烹饪技术交流会上，凤城蜜软鸡确认为大良地区特色名菜。1996年，被列入《顺德菜精选》。

凤城蜜软鸡独特处在于鸡肉以冷热水吊水3次，皮爽肉滑，调料用"百花之精"蜂蜜调味，清香甜美。

材料：光鸡、鲜菠萝、骨排厚件、姜、葱、荔枝、蜜糖、上汤、猪油、味精、盐。

烹饪方法：

1. 将光鸡吊滚水3次，去清血水、皮油，用姜葱爆香加入滚水，放入鸡吊3次，保持鸡里外温度一致后调慢火候约浸15分钟，浸至鸡腿内收缩皮骨分离，取出放入已冻滚水加入冰粒，吊水3次。保持鸡里外温度一致后浸冻鸡取出，滤干水分，斩鸡头。鸡翅、鸡腿起肉、起皮、起骨，再将鸡颈骨、脊骨斩件，抓去水分，用碗盛放。

2. 将味料拌匀，用四分之一味料放入鸡头、鸡翅、鸡腿、颈骨、脊骨拌匀，放入鸡碟里，将四分之三味料放入鸡肉、鸡皮拌匀，将鸡肉放入鸡骨面，再放入鸡皮摆上鸡头、鸡翅、鸡腿，摆回鸡形，碟边摆放菠萝件或当季荔枝肉围边而成。

桶子油鸡

《美味粤菜》载，桶子油鸡因用桶装卤水浸鸡而得名，由顺德名厨冯传师傅创制。

顺德人素来讲究卤制菜品。针对不同的卤制原料，卤料配方相异。桶子油鸡以鸡壳、猪头骨、烧鹅颈等熬汤，附以秘制卤水料包熬制卤水。光鸡经开水吊水3次、滚烫豉油汤吊水3次，放入烧开卤水汁中浸熟至冷却，如此三起三落，令鸡入味充分。鸡嫩卤鲜，令人胃口大开。

材料：光鸡、卤水、生抽、上汤、冰糖、鸡粉、味极鲜酱油、糯米酒、甘草、罗汉果、八角、桂皮、姜片、葱、黄姜。

烹饪方法：

1. 将鸡壳、猪骨飞水放入锅内，注入滚水6500克，加入烧鹅颈、姜片、果皮煲汤底得汤3800克左右，将味料煮至冰糖溶加入汤，盐放入香料煲至出味。

■ 桶子油鸡

2. 将姜、葱用油爆香，加入上汤，调入豉油鸡、味料、香料，煲至出味待用。

3. 将光鸡用滚水吊水3次，再放入已滚豉油汤吊水3次，放入鸡煲滚调慢火候浸10分钟即放入已滚卤水，熄火，浸5分至熟冻后斩回鸡形，淋卤水汁便可。

（注：卤水卤热鸡后再浸15分钟，味道更好。传统用桶浸鸡叫桶子油鸡，现在用不锈钢镈。）

熏　鱼

一方水土，一方食味。顺德人孜孜不倦地追求味道极致，仅是四大家鱼，亦可烹制出百种吃法。

熏鱼由冯传师傅创制。选用顺德四大家鱼之一的鲩鱼，为顺德人百鱼百做、百鱼百味的再次诠释。将腌制的鱼片两度油炸至赤红色，以白糖调和绍酒，熏制而成。鱼肉柔韧，绍酒去腥留香，相得益彰。干熏法制作的熏鱼比湿熏法更甘香可口。

材料：净鲩鱼肉、绍酒、白糖、姜葱（榨汁）、精盐、麻油、胡椒粉、五香粉、白糖、绍酒、生油。

烹饪方法：

1. 将鲩鱼肉斜切成厚片，用味料拌匀后加入姜葱汁拌匀，腌30分钟。

2. 猛火烧锅下油，烧至180摄氏度油温，放入鱼片炸热取出，待冷后再翻炸鱼片至赤红色，取出后，放进绍酒盆加盖，稍浸取出便成熏鱼。

（注：提前将绍酒500克、白糖140克放进盆里拌匀，便成绍酒盆。）

凤城纸包鸡

无鸡不成宴，鸡向来是顺德人宴客首选。凤城纸包鸡，由胡三（绰号"鸭仔三"）师傅创制，以香甘嫩滑、回味悠长著称。

传统的凤城纸包鸡，采用10厘米×10厘米的玉扣纸，将腌制入味的鸡球包裹成枕状，用中火浸炸至熟，上碟后解开玉扣纸，趁热食用。罗福南师傅在传承中创新，心思巧妙，以威化纸代替玉扣纸，吃时无需解开纸张，更可留汁保温。威化纸将嫩滑鸡肉、流泻鸡汁与调制腌料稳稳包牢，鸡肉外酥内嫩，别有一番滋味。

材料：改好的鸡球、威化纸、蒜蓉、辣椒米、豉汁、蛋清、味精、麻油、绍酒、胡椒粉、生粉、生油。

烹饪方法：

1. 将改好的24件鸡球，加入料头、豉汁、味料拌匀，加入蛋清再拌匀后用威化纸包成"日"字形，用蛋清沾口，然后平放在事前撒上薄生粉的碟中。（不能重叠，因威化纸易穿扎。）

2. 猛火烧锅下油烧至油温120摄氏度左右，放入纸包鸡下炸油中，用中火炸浸至捞起即成。

（注：1. 威化纸包鸡球在炸时才包，因鸡球加入味料、蛋清腌制，含有水分，而威化纸油容易穿破，如穿破了就炸不成。2. 炸时将粘口那边放入，随即用锅铲不断转匀，炸至身硬和威化纸边有微脱落时便熟，炸时油温不要过猛，否则纸包鸡会炸焦而含烟焦味。传统用10厘米×10厘米玉扣纸上包成枕状，用中火浸炸至纸包膨胀，局部呈深黄色，捞起置碟上，解开玉扣，趁热食用。）

葵花鸭

葵花鸭，因摆盘类似盛开葵花得名。

葵花鸭历史悠久，粤菜菜谱《美味求真》记载："肥鸭起骨，滚至仅熟，切厚片。一片火腿一片鸭，用钵装住。绍酒一大杯，原汤一大杯，隔水炖至极烂。"

1964年，"凤城厨界老太公"、人称"蔡老六"的蔡锦槐，以当时粤菜烹饪最高境界的"川"，即北方"余"法，加以创新：先将熟鸭肉片、冬菇、火腿片、笋片斜排成葵花瓣状，入屉扣烂，反扣汤锅内，再注入已烧沸的有味上汤，令汤清味鲜，鸭肉嫩滑，摆盘形美，色彩艳丽。改良后，葵花鸭在桥珠酒家甫一亮相，轰动一时。最近，罗福南师傅在顺德名菜精品宴上对葵花鸭再作改良，使其工序更精细，汤底更清鲜，造型更逼真，可谓色、香、味、形、器俱佳。

材料：光鸭、笋丝、发好冬菇、火腿片、上汤、二汤、盐、糖、味精、绍酒。

烹饪方法：

1. 将光鸭清洗干净，飞水，去清毛绒，放入汤滚熟，捞起泡沫，起肉斜刀切件。湿冬菇斜刀切片（保留一只完整大冬菇），火腿切片与鸭片长度相同，笋花用二汤烧酒煨过，倒入漏勺，隔去水分。

■ 葵花鸭

2. 在马兜中央放一只大冬菇，将鸭肉片、火腿片、笋片、冬菇片各一件，斜排成葵花瓣状，排好一瓣又排一瓣，排好第一层又排第二层。剩下的料排在第三层，注入上汤，加入味料，转入蒸柜蒸熟。

3. 上席时把葵花鸭取出，用汤锅盖住，倒出原汤，翻扣在汤锅中，中火烧锅注入原汤，上汤加热，调入味料，试好味，加入绍酒。把锅端离火位撇去悬浮物，慢慢倒入汤锅便可。

腊味糯米酿婆参

海参位列"鲍参翅肚"中，其名贵与美味不言而喻。

海参种类较多，尤以婆参体形最肥大，肉多软滑。但因泡发难度大，处理繁复耗时，平常人家较少食用。

海参烹饪技法悠久而多样。《临海水土异物志》记载："土肉（即海参）如小儿臂大，长五寸中有腹，无口目，有三十足，炙食。"《明宫史·饮食好尚》提到朱元璋好吃海参，将海参、鲍鱼和鱼翅并列为三大名馔，称为"三事"。清代朱彝尊的《食宪鸿秘》记载："海参，浸软，煮熟，切片。入腌菜、笋片、猪油炒用佳。""或煮烂，芥辣拌用亦妙。""海参烂煮固佳，糟食亦妙。"《清稗类钞·饮食类》还列举松茸海参汤和煨海参："海参须检小而刺者，先去沙泥，用肉汤煨三次，然后以鸡、肉两汁红煨之，使极烂。"

至今，海参烹法有红烧、葱烧、鲍汁、酸辣、虾籽、凉拌、百花蒸酿、蟹粉、肝油，烧炒煮拌，样样可口。

肯于精研美食且乐于推陈出新的顺德人，从最难处理的婆参入手，慢工出细活，创制出鲜香嫩滑的腊味糯米酿婆参。

材料：婆参、糯米、腊肠粒、腊肉粒、虾米、熟瑶柱、湿冬菇粒、干鱿鱼、干八爪鱼、干墨鱼、虾干、姜葱、盐、糖、生抽、味精、胡椒粉、料酒、蚝油、猪油、上汤、湿生粉、麻油。

烹饪方法：

1. 将婆参放入石油气火炉烧，转身，均匀烧至黑色，放入冻水浸15分钟，即刮去黑衣，浸清水12小时后放入不锈钢罉内的滚水，加入笕水15克煲滚加盖焗3小时取出漂水，再将不锈钢罉加入滚水1500克，放入婆参加盖焗2小时（以浸焗熵身为度）取出，用剪刀开肚，将肚内的砂石洗干净，留肠在婆参内放入有冰粒水的罉里，转入雪柜冰发，每日换冰粒水一次冰发，冰发至婆参无灰味，烹制时才去掉肠待用，将海味浸发，洗干净切件。

2. 将婆参焯水、捞出控水，再将锅烧热，加入生油、葱、姜煸炒出香味，烹入黄酒炝锅，倒入清水烧开，放入婆参，以中火焖煮5分钟，捞出控水（去掉姜、葱）。.

3. 将锅烧热，加入猪油，放入姜、葱煸炒出味，烹入黄酒炝锅，倒入上汤，加入盐、味精、胡椒粉、生抽、蚝油、白糖、海味煮。将瓦罉加入底笪，放入婆参，倒入上汤、调味料，加盖焖至婆参入味、熵滑（去掉姜、葱）。

4. 将糯米浸4小时洗净隔水，用蚊帐布包住，放入蒸笼铺平，转入蒸柜蒸热成糯米饭，加入已爆香腊肠粒、腊肉粒、虾米、瑶柱、冬菇粒、盐、糖、鸡粉拌匀待用。

5. 将煨好的婆参放入马兜里，撒上生粉，酿入腊味糯米饭压实，转入蒸柜蒸30分钟，取出复碟，将煨婆参汤汁推茨，加入麻油拌匀，淋入婆参面便成，用小菜花飞水围周边。

（注：1. 购买婆参时，用手抓压婆参，均匀软就是佳品，如果用手抓压有硬也有软的感觉就不是佳品，浸发后会有烂皮现象；2. 婆参留肠冰

发，如不留肠则不耐浸，容易泻身，烹制时才去掉肠，婆参即烧即浸15分钟，马上刮去黑衣，如浸时间久才刮，则很难刮干净。3. 在炝锅时加入虾子，调味焖，烧好后放入碟里，将原汁推芡淋入婆参面撒上炒虾子，即是虾子婆参。）

凤巢三丝

材料：火鸭丝、鸡丝、叉烧丝、鸡蛋、韭黄、西芹薹条、红萝卜丝、青瓜条、青红椒丝、蒜米、姜丝、菇丝、盐、糖、鸡粉、胡椒粉、大地鱼末。

烹饪方法：

1. 将鸡蛋打破，以慢油温（约80摄氏度）一手吊蛋液，一手抓住蛋壳在油里旋转摆动，炸成蛋丝放入碟摆成凤巢待用。

2. 将鸡丝调入盐、鸡粉、生粉拌匀，加入生油拌匀待用。

3. 将鸡丝、火鸭丝、叉烧丝分别拉油捞起，倒去余油，投入料头爆香，放入红萝卜丝、西芹薹急炒，加入三丝急炒，撒上大地鱼末，推生粉芡，包尾油放入凤巢碟中间便成。

亮点：清香爽口、和味可口。

■ 凤巢三丝

礼云子蛋清

20世纪40年代，省港澳会所曾掀起礼云子热潮。当时粤剧泰斗薛觉先最爱礼云子蛋清一菜，其成为薛派名菜，曾风靡一时。

材料：蟛蜞卵、鸡蛋、鸡肉、上汤、盐、糖、鸡粉。

烹饪方法：

1. 蟛蜞取出卵，鸡肉剁粒待用。

2. 鸡蛋取蛋清，与上汤拌匀蒸熟，作假豆腐。

3. 热镬把鸡粒爆香，烩入蟛蜞卵，调味，扒上蛋清面即成。

虾籽柚皮

材料：柚子皮、虾籽、鲮鱼骨、大地鱼、火腿。

烹饪方法：

1. 柚子皮刷净后飞水，重复换水去除苦涩至柚皮软身待用。

2. 辅料熬成汤汁备用。

3. 将备好的柚皮放入汤汁中煨焓软、入味，收汁淋上。

4. 烧热镬把虾籽炒香，撒上柚皮面即可。

亮点：粗料变上菜、物尽其用。

脆香金钱蟹盒

■ 脆香金钱蟹盒

将五花肉改用为方包，原材料为蟹肉、虾胶、洋葱、西芹、马蹄肉、鸡蛋清、生粉。将方包切刀成圈片，把蟹肉、虾胶、洋葱粒、西芹粒、马蹄粒打成胶状，用两片面包片把肉胶夹起，以蛋粉封边，炸至金黄色，起锅，摆盘。

材料：方包、蟹肉、虾胶、洋葱、西芹、马蹄肉、鸡蛋清、生粉。

烹饪方法：

1. 方包切刀成圈片。

2. 把蟹肉、虾胶 、洋葱粒、西芹粒、马蹄粒打成胶状。

3. 用两片面包把肉胶夹起，用蛋粉（鸡蛋清与生粉拌匀即成）封边炸至金黄色，起镬摆盘。

古法蒸酿三鲜

■ 古法蒸酿三鲜

材料：猪网油、蚝豉、猪肝、猪肉胶、鲮鱼胶、发菜。

烹饪方法：将做好的猪肉胶与鱼胶、发菜搅拌，猪肝切小片，后用猪肉胶、鱼胶包好蚝豉作榄形，加一小块猪肝片，再用网油包约3卷，上蒸柜蒸约60分钟，上碟摆盘，勾鲍汁芡即可。

扫码观看制作视频

三、传统菜

鱼腐扒生菜胆

■ 鱼腐扒生菜胆

扫码观看制作视频

材料：玻璃生菜、新鲜鲮鱼脊肉、鸡蛋、生粉、鹰粟粉、淡鲜奶、食用油。

烹饪方法：

1. 将鲮鱼肉用刀刮出，下盐搅拌，摔打至起胶。

2. 将鸡蛋、鲜奶、生粉分次加入，拌匀后备用。

3. 用生油慢火烧至70摄氏度油温。

4. 将已制好的鱼肉用汤匙挤成小球形，一个个放油镬，炸熟即为鱼腐。

5. 用镬加油、馈酒，加上汤再放入味料及鱼腐煮约1分钟后打芡。

6. 把生菜改刀后炒熟，砌好，再放鱼腐便成。

鱼翅灌汤饺

材料：鱼翅、虾仁、马蹄、芦笋、老鸡、火腿。

烹饪方法：

1. 老鸡、火腿熬制成翅汤待用。

2. 虾肉、马蹄、芦笋、鱼翅等拌成馅料待用。

3. 用中筋面粉制成面皮包入馅料制作成京式饺子模样放上蒸笼，大火蒸5分钟。

4. 用器皿盛装，倒入翅汤饺子，上放少许鱼翅和枸杞装饰即可。

■ 鱼翅灌汤饺

■ 濑布鳝

濑布鳝

材料：蟮鱼、蒜、烧肉、发好的陈皮、发好的冬菇、蚝油、盐、糖、老抽、米酒、猪网油。

烹饪方法：

1. 蟮鱼经处理后，每刀切成九分深，撒上盐拌腌制片刻待用。

2. 蒜起锅爆香，下烧肉煸炒，撒入切碎陈皮倒入汤底，放上蟮鱼焖煮好后，以少许调料调味。

3. 用猪网油将蟮鱼及配料包裹住，猛火扣25分钟令蟮鱼变烧滑后，再淋上芡汁即可。

扫码观看制作视频

煎焗大连鲍

材料：大连鲍鱼、青椒、红椒、葱、蒜、盐、糖、鸡粉、生抽、鸡蛋黄、生粉、粘米粉。

烹饪方法：

1. 大连鲍宰杀去壳、去内脏，用80摄氏度热水令鲍鱼定型。青、红椒切小件，葱切短度，蒜切片备用。

2. 将大连鲍加生抽、盐、糖、鸡粉、鸡蛋黄、生粉、粘米粉调味上浆，然后再冻油热锅放大连鲍，两面煎至金黄，加青椒、红椒、葱、蒜爆香。

3. 将煎焗好的大连鲍摆回原鲍鱼壳内，装盘，放青椒、红椒、葱、蒜点缀即可。

扫码观看制作视频

■ 煎焗大连鲍

扫码观看制作视频

顺德煎焗鱼嘴

材料：大鱼头嘴、鸡蛋黄、味精、鸡粉、生抽、蚝油、蒜茸辣椒酱、生粉、粘米粉、糯米粉、蒜片、姜、葱、盐、白糖、味粉、白胡椒粒、果皮丝、顺德特曲酒。

烹饪方法：

1. 大鱼头改净（即去除多余部分），鱼嘴洗净，抹去水分，调入精盐、白糖、白胡椒粒、果皮丝、顺德特曲酒，拌匀腌20分钟待用；用鸡蛋黄、味精、鸡粉、生抽、蚝油、蒜茸辣椒酱、生粉、粘米粉、糯米粉拌匀或煎焗酱味料备用。

2. 煎焗酱拌匀鱼嘴待用。

3. 将镬洗干净，烧够热，落生油搪镬（让油粘满整个锅），倒去余油，用生油分别将鱼嘴两面香煎至金黄色至熟，撒上白胡椒粒，投入蒜、姜、葱，馈顺德特曲酒加盖焗10秒便成。

亮点：色泽金黄、外香内滑、鲜味可口。

（注：1. 选择小个大鱼头，若鱼头太大，骨硬，制作时难熟，影响色泽。2. 注意火候，以中慢火较合适。3. 可用鲩鱼头嘴煎焗，但鲩鱼头嘴骨硬、肉少。4. 拌匀的煎焗酱封保鲜膜放入冰箱存放。5. 用生油香煎鱼嘴，勿用菜油煎焗鱼嘴，以免影响色泽。）

■ 顺德煎焗鱼嘴

第二节　创新传统菜

　　顺德美食的生命力在于坚守传统，善于创新，在创新中将传统的现代意义精心提炼，融合为适合新时代人们口味与审美需求的佳肴，令其拥有恒久生命，更获大众青睐，成为市场品牌。

金拱桥拼煎焗鲜鲍

　　材料：大连鲜鲍鱼、炸柚皮。

　　烹饪方法：以55摄氏度左右温水将大连鲜鲍泡3分钟，洗净，网状花纹，开水定型，吸干水后下盐、糖、鸡粉、蚝油、生抽、鸡蛋、煎焗粉搅拌均匀，再用中慢火煎至金黄约2分半钟。脆皮柚皮以130摄氏度油温炸至金黄色即可。

　　亮点：菜品色泽金黄，咸香嫩滑。煎过的鲜鲍爽脆弹牙，鲜香野味，再配上外面酥脆、内里多汁的脆皮柚皮，新鲜感扑面而来。

■ 金拱桥拼煎焗鲜鲍

扫码观看制作视频

过桥无骨鲫鱼

　　材料：鲫鱼、芋丝、韭黄、姜。

　　烹饪方法：

　　1. 将鲫鱼去鳞杀好，起肉，并将骨丝剔干净，切片备用。

　　2. 鱼骨在锅内煎到金黄色加姜片，再放水煲至奶白色的鱼汤，取出鱼汤内的鱼骨，鱼汤备用。

　　3. 无骨鱼片用盐、糖、味精、蛋清、生粉、生油拌匀，在盘内排好。将芋丝焯水，

扫码观看制作视频

■ 过桥无骨鲫鱼

175

韭黄切粒备用。

4. 将备好的鱼汤再煮沸后放味料，按每碗3至4块无骨鱼片、2件芋丝、少许韭黄粒的分量放入碗内，把煮好的鱼汤放进碗内即可食用。

鸡蛋花蚬肉陈村粉富贵包

材料：鸡蛋花、黄沙蚬、腊肉、腊肠、韭菜花、萝卜干、陈村粉。

烹饪方法：将蚬肉、腊味炒香后加入韭菜花，萝卜干煸炒出香味，调味后做成馅料上碟，将陈村粉展开，依次将鸡蛋花、蚬肉馅包裹，大火蒸2至3分钟后煎，配咖喱汁。

扫码观看制作视频

■ 鸡蛋花蚬肉陈村粉富贵包

■ 椒香牛乳鸡

椒香牛乳鸡

扫码观看制作视频

材料：草鸡（光鸡）、牛乳、鲜花椒、姜、青椒、红椒、鸡蛋清。

烹饪方法：

1. 光鸡拆骨，留鸡头和鸡翅，用生抽炸熟至金黄色，备用。

2. 鸡肉切成"日"字形鸡块，把鲜花椒、牛乳放在搅拌机搅至粉碎，放入切好的鸡块加味料拌好。

3. 不粘锅烧热，放花生油，鸡块放锅中，慢火煎至金黄色装盘，放上鸡头和鸡翅做形。

亮点：融合顺德名手信牛乳和常用食材草鸡，将牛乳的奶味渗入鸡鲜味，鲜香嫩滑，带有微辣。

花雕龙虾蒸肉饼

■ 花雕龙虾蒸肉饼

材料：猪梅肉、龙虾、鸡油、花雕酒、上汤、鸡蛋。

烹饪方法：将猪肉用刀剁茸，下盐、味精、蚝油、胡椒粉、麻油、花雕酒、生粉。将肉茸拌匀，摔打至起胶，放入冰箱备用。将龙虾起肉切薄片拌味料，生粉、蛋清拌匀备用。肉饼蒸熟后，龙虾肉拉油至熟，以鸡油和上汤勾芡放肉饼，面淋花雕酒即成。

扫码观看制作视频

南国檀香骨

20世纪40年代，清晖园楚香楼出品的檀香骨曾风靡顺德，如今南国厨师传承经典，重现这份顺德怀旧经典美味——南国檀香骨。这道看似平凡的炖排骨，选用排骨半肥瘦的软骨部分，利用独特果酸味的荔枝醋及透气性强的紫砂壶烹制，一打开紫砂壶，檀香味扑面而来，软骨的爽脆与排骨肉的松软相互搭配，互补口感。汤汁稠润不腻，排骨酸甜，引人举箸。

材料：排骨、荔枝醋、冰糖、盐。

烹饪方法：

1. 将排骨切成长约5厘米×5厘米的方块，焯水，上老抽入色。

2. 武火拉油但不要炸干，上色即可，用清水调六成味，加入姜片、葱、香叶、八角，放到已拉油的排骨肉扣1小时。

3. 去尽水与杂料，用荔枝醋、冰糖、盐熬制汤汁。

4. 将调好的汤汁和排骨放入紫砂盅中扣15小时即可。

■ 南国檀香骨

佛跳墙火锅

佛跳墙又名"满坛香""福寿全"，是福建福州传统名菜，已有百余年历史。此菜将十几种原材料集于一坛，既有共同荤味，又保持各自特色，味道醇厚，鲜美绝伦。当传统佛跳墙传入顺德后，厨师们将其改良成"佛跳墙火锅"，达到"热食当三鲜"目的。口感软滑不韧，汤底鲜香味浓，与传统佛跳墙的味道、口感无异。

材料：干鲍鱼、海参、花胶、鱼翅、瑶柱、草鸡、猪骨、鸡脚、火腿、陈皮等。

烹饪方法：

1. 草鸡、猪骨、鸡脚、火腿、陈皮熬成浓汤底，待用。

2. 将鲍鱼、海参、花胶、鱼翅、瑶柱、草鸡清洗干净，并泡发充分。

3. 把处理好的材料按顺序铺排好在特定的容器内，注入浓汤至八成满，以火锅上席。

金汤节瓜拆鱼羹

在传统顺德拆鱼羹基础上，加入顺德桑麻的黑毛节瓜来代替传统丝瓜，以南瓜作金汤。此羹颜色金黄，口感香浓，营养丰富，清热解暑，适合夏秋饮用。

材料：鲈鱼、顺德桑麻黑毛节瓜、南瓜、甘笋丝、云耳丝、马蹄粉、粉丝、腐竹丝、姜丝、陈皮丝、炸好的榄仁。

烹饪方法：

1. 先把鲈鱼杀好，开边斩大件。盐腌15分钟，洗干净，擦干水。起锅烧油，两边煎至金黄、至熟。

2. 刮净桑麻黑毛节瓜毛和表皮，切开4份，去心，切丝备用。

3. 鱼肉凉后剔出鱼骨，鱼肉拆成小块，加入姜丝、陈皮丝、麻油搅拌均匀备用。

4. 将鱼骨和鱼头用铁锅以姜煎透加开水熬成鱼汤，以布将鱼骨隔干净。

■ 金汤节瓜拆鱼羹

5. 将南瓜切片蒸15分钟，搅拌成南瓜泥。

6. 鱼汤加入南瓜泥，将备料全放汤中，加入鱼肉，调味，马蹄粉勾芡。最后撒上炸好的榄仁，大功告成。

均安脆皮鱼饼拼煎焗鱼腐

鱼饼香脆可口，外脆内滑，鱼味浓郁。鱼腐外香软滑，爽嫩滑润，鱼香扑鼻。以前浸、扒，现在创新煎焗，保持鱼腐鲜、爽、嫩、滑、香的特点，鱼味浓郁，老少皆宜。

材料：鱼肉、鱼青、春卷皮、鸡蛋、葱花。

烹饪方法：

1. 将鲮鱼肉切片剁成蓉，调入味料搅拌匀至起胶后加入配料拌匀，挞至起胶，挤成10个鱼球，再将10个鱼球分别压成饼，用平板镬香煎两面呈金黄色至熟便成鱼饼。

2. 鲮鱼肉剁茸，后加入调味料搅拌起胶，再放蛋搅拌起浆，后用慢油温浸熟定型，即成鱼腐。

■ 均安脆皮鱼饼拼煎焗鱼腐

■ 桑拿卵石焗鳗鱼

桑拿卵石焗鳗鱼

顺德是鳗鱼养殖基地，每年输出鳗鱼数以万吨，鳗鱼的烹饪方法层出不穷。这道菜参考焗桑拿手法：将卵石加温到300摄氏度，运用高温水蒸气将鳗鱼迅速焗熟，保存营养、水分之余，也吸收卵石高温，突出原材料本真滋味。

材料：鳗鱼、阳江豆豉、蒜蓉、干葱、姜、彩椒、香菜。

烹饪方法：

1. 将鳗鱼处理干净后切成薄片，调入盐、糖、鸡粉、蚝油、胡椒粉、生抽、豆豉、蒜蓉、姜、干葱、生粉、麻油、花生油拌匀待用。

2. 卵石加温至280摄氏度后放入耐高温的锅里，再往卵石面上淋上（八角花雕酒／米酒），把调好味的鳗鱼和彩椒放入卵石面上，均匀摊平后盖上锅盖。

3. 沿着锅的边缘浇上（八角花雕酒／米酒），静置3分钟后，待没有蒸汽冒出，开盖撒上葱花、香菜就即可。

水晶豆双皮奶加姜撞奶雪糕

顺德地道甜品二合一。在传统双皮奶基础上加上水晶豆和姜撞奶雪糕，使原先单一的双皮奶呈现出多姿多彩的面貌，口感更丰富、多元化，深受年轻人喜爱。

材料：水牛奶、鸡蛋、白砂糖、水晶豆、小黄姜、冰淇淋粉。

烹饪方法：

1. 将未经稀释的鲜水牛奶加入适量优质白砂糖，慢火煮沸，分在小碗里冷却，待表面结成奶皮后，用竹签轻轻挑起奶皮一角，倒出牛奶，奶皮留碗底。在倒出的牛奶中放进鸡蛋清和白糖，拌匀，倒入放有奶皮碗中，隔水炖后出锅，放凉待用。

2. 将1千克的冰淇淋粉（首选淇喜牌冰淇淋粉）兑2.5千克开水，2.5千克开水分2次加入。首先用1千克开水加冰淇淋粉搅拌均匀，再加1.5千克开水用打蛋机打5分钟，让冰淇淋粉同水充分融合；然后用过滤纱布过滤一次，再加入250克本地黄姜姜汁（注意一定是广东本地黄姜才有更香浓姜汁味），充分搅拌过滤，令姜汁同雪糕粉完全融合。待冷却后倒入雪糕机制冷到100（为机器的显示方式，实际温度约为5摄氏度），再放进零下18摄氏度以下的冰箱冷藏至凝结，即可做出姜撞奶雪糕。

3. 在放凉的双皮奶上加入水晶豆和姜撞奶雪糕，即成。

■ 水晶豆双皮奶加姜撞奶雪糕

顺德银丝鳗鱼鱼面

将鱼肉面制成条，保留鱼鲜又具北方意蕴。

材料：鳗鱼、鲜虾、丝瓜、萝卜、果皮、芫荽、葱。

烹饪方法：

1. 将鳗鱼肉刮出鱼青，入冷柜1个小时，放入盐水，顺时针打到鱼肉起胶，加入果皮和芫荽、葱，用特制工具挤出鱼面。

2. 先煎香鱼骨做一个鱼汤。

3. 丝瓜、萝卜切丝。

4. 鱼汤调好味道，加入鲜虾、萝卜丝、鱼面同煮2分钟，再加入丝瓜丝同煮1分钟。

5. 把煮好的面装盘，摆好装饰。

■ 顺德银丝鳗鱼鱼面

■ 特色爱心富贵虾

特色爱心富贵虾

富贵虾拆肉烹调，酥香可口，外酥里嫩，造型美观。

材料：富贵虾、避风塘料。

烹饪方法：

1. 蒸熟富贵虾把后拆肉，留壳装饰。

2. 虾肉腌味后上薄浆，炸至金黄色酥脆。

3. 摆盘装饰，撒上避风塘料即可。

桑基鱼塘蚕茧翅

这是一款代表顺德桑基文化与岭南特色的创新粤菜。菜式讲究适时而为，新鲜桑叶配以名贵鱼翅，体现出顺德菜精做细烹风格，在怀旧中不失创新。同时，蚕茧鱼翅汁融入口中，令人唇齿留香，回味无穷。

■ 桑基鱼塘蚕茧翅

材料：桑叶、虾胶、蚕茧肉、鱼翅。

烹饪方法：

1. 将鱼翅与蚕茧肉调味搅拌，酿入虾胶。

2. 将虾胶铺上威化纸丝，放入80摄氏度热油中炸10分钟即可。

掂过碌蔗（甘蔗烧爽鳝）

主料：爽鳝、果蔗、鸡蛋、金色面包糠、辣鸡汁。

配料：蒜茸、南乳、生抽、生粉、盐、味、糖、胡椒碎。

烹饪方法：

1. 将果蔗改成16支粗竹签大小待用。

2. 把爽鳝改成"井"形花式，再切成长形菱角状，头尾穿两个洞待用。

3. 将改好的鳝片放入蒜蓉、南乳、料酒、味料腌味，再上蛋浆拍面包糠，用果蔗签串好。

4. 烧锅下油，待油温到150摄氏度，下串烧鳝炸至金黄色、至熟。

5. 将炸熟的鳝片摆放在装盘上，淋上鸡汁即成。

■ 掂过碌蔗（甘蔗烧爽鳝）

■ 古法鲍鱼拼粗粮

■ 焦糖香葱油焗大虾

古法鲍鱼拼粗粮

烹饪方法：将鲍鱼刷干净备用，80摄氏度清水浸泡1至2分钟，取出以调好的酱油水加入鲍鱼中浸30分钟即可。

焦糖香葱油焗大虾

烹饪方法：将罗氏虾在肚处开刀，盐水浸洗，拉油。蒜头起锅，爆香罗氏虾，焦糖汁收茨，摆盘即可。

龙腾四海聚金钱

主料：炒牛奶、龙虾、鲜水牛奶、榄仁、火腿、上脊肥肉、梅肉、虾仁、蟹肉、蟹膏。

辅料：龙虾筋、鹰粟粉、鸡蛋清、生粉、韭黄、西芹、芫荽。

味料：盐、糖、鸡粉、麻油、胡椒粉、五香粉、靓生油、曲酒。

烹饪方法：

1. 洗净龙虾，用刀起出肉，面筋切成3毫米厚片，用少许盐料、蛋清、生粉拌匀封油待用。

2. 鲜奶加入味料少许，鹰粟粉、蛋清拌匀待用。

3. 蟹盒：肥肉片成1毫米厚的圆形片状，用曲酒味料拌匀，放入肥肉片，酝酿3

■ 龙腾四海聚金钱

小时待用。

肉馅：将以上肉类吸干水分，放盐、糖、鸡粉等味料和韭黄等配菜，拌至起胶制成肉膏待用。

4. 热镬，放清油加热至100摄氏度，再放龙虾肉过油，榄仁炸脆沥干油分，将拌好的牛奶、龙虾肉和其他配料倒入镬中，以文火同一方向炒动成半固休状，然后洒上火腿茸、榄仁上面即成（可再加食用金铂装饰）。

5. 将肥肉片拍上生粉，酿入肉膏，上下一层夹酿肉膏，压好周边成金钱圆形的蟹盒，上蛋浆，热油温至120摄氏度放入蟹盒，炸至金脆，拌炒牛奶周边装盘即可。

珊瑚一口酥

烹饪方法：油温烧至60摄氏度，将腌制五花肉炸至金黄色，起锅备用。豆腐切好，粘粉，放到油锅中慢火炸到金黄色，上盘即可。

■ 珊瑚一口酥

■ 酥脆牛乳酿花胶

酥脆牛乳酿花胶

借鉴传统大良炸牛奶方法加入牛乳增香，将牛乳酿入花胶上浆炸，使花胶与牛奶结合，口感更丰富。

材料：牛奶、牛乳、花胶、面粉。

烹饪方法：上浆炸。

■ 瓦罉鲜花椒焗蟹　　　■ 雪映金龙

瓦罉鲜花椒焗蟹

烹饪方法：螃蟹斩件，调味待用。将瓦罉烧热，辅料爆香后放入调好味的螃蟹，放花椒油焗2分钟，加入料酒即可。

雪映金龙

主料：桂花鱼。

辅料：椰蓉、鸡蛋。

调料：糖醋、盐、糖、鸡粉。

烹饪方法：

1. 将桂花鱼改刀，留头尾肉，改花刀。
2. 鱼肉用盐、糖、鸡粉、鸡蛋腌味，拍上生粉。
3. 再将鱼肉放入油中炸熟定型。
4. 淋上糖醋，撒上椰蓉即可。

黑松露焗乳鸽

烹饪方法：将宰好的光鲜乳鸽洗净，以温水淋表皮，去油脂。黑松露切成细粒，以三分之二黑松露加入姜皮起镬，注入清水。将加入黑松露的水烧开，融入所有调味料，乳鸽放入水中浸15分钟，令乳鸽入味。捞起乳鸽，放凉后斩件。将剩下三分之一黑松露粒起锅，放入乳鸽爆香，上盘，将乳鸽摆形即可。

■ 黑松露焗乳鸽

第三节　新品顺德菜

　　新品顺德菜是顺德名厨针对不同物料的特性与季节特征、客户需求、个人创意、美食风尚而创作的新式菜品。它们色彩鲜艳、味道多样、制作现代化，满足着现代人对美食从果腹到品尝、再到如今欣赏的巨大转变需求，实现着从食品到艺术品的蜕变，成为顺德美食未来发展的方向。

白雪甘露

　　根据素食材纤维特点，用烹调法将素食材制作成精美菜品。菜品色彩鲜明，味感丰富，营养配搭均衡，清香柔滑。

　　材料：鲜淮山、南瓜、鲜百合、瑶柱、榄仁、鲜奶、鸡蛋清、清鸡汤、食用鲜花。

　　烹饪方法：

　　1. 鲜淮山、南瓜去皮蒸熟，各自分开搅拌成浆。

　　2. 淮山浆加入鲜奶、蛋清调味，用模具定型，蒸熟。

　　3. 南瓜浆加入清鸡汤调味，推成芡汤淋围边，配上瑶柱丝、榄仁、食用鲜花即可。

■ 白雪甘露

脆皮凉瓜

利用顺德美食煎炸的烹饪手法，改变以苦瓜传统烹炒、蒸制做法，将面包糠的酥脆松香、墨鱼胶的鲜嫩韧弹、苦瓜的清新爽口相融合，产生富于层次的口感，发挥出食材本身的特色与营养价值，也彰显顺德厨师的创新精神。

■ 脆皮凉瓜

材料：苦瓜、墨鱼胶、面包。

烹饪方法：

1. 苦瓜切片后焯水；

2. 苦瓜片与墨鱼胶搅拌均匀，放入面包糠中，用手压平，使其均匀粘上面包糠；

3. 放入90～100摄氏度的热油锅中炸2～3分钟，捞出切件，即可上碟。

凤城炸雪糕

冰与火的结合，传统与现代的碰撞，给味蕾带来全新体验与冲击。制作过程中对火候要精于掌控，入口酥脆的麦香夹裹着雪糕的软滑香浓，内里冰冻软滑，深受现代年轻人与小孩喜爱。

材料：雪糕泥、吐司方包片、面包糠。

烹饪方法：

1. 将吐司方包片四边切除。

2. 用吐司方包片包裹雪糕，裹上面包糠。

■ 凤城炸雪糕

3. 油温达到180摄氏度时，炸至双面金黄色、沥油即可。

黑松露叉烧

黑松露叉烧灵感源于传统黑叉烧的软糯口感与焦糖烤奶焦香风味，搭配黑松露。成品甜鲜适中，软糯醇香，焦糖风味突出。

材料：冰糖（炒糖色）、五花肉、野生蜂蜜、黑松露、柠檬。

烹饪方法：

1. 野生蜂蜜稀释，烹入黑松露颗粒，烹入焦糖取其香味及颜色，慢火熬制成黑松露蜜汁。

2. 用秘制酱料将五花肉腌制入味，注入山泉水大火烧开，小火慢煨而成。

3. 趁热切块，裹上黑松露蜜汁装盘，再用柠檬丝点缀即可。

■ 黑松露叉烧

■ 黄金冰皮鸡

黄金冰皮鸡

黄金冰皮鸡冰爽可口，鸡味十足，肥而不腻。

材料：爽皮鸡。

烹饪方法：

1. 将冲洗干净的爽皮鸡在姜葱水中浸熟。

2. 捞起爽皮鸡过冰水，再放入已调制好的冰皮水浸泡3小时即可。

榴莲班戟

班戟是以面糊在烤盘或平底锅上烹饪制成的薄扁状饼，表皮松软，刀叉切开就看到里面层层的榴莲果肉和松软的鲜忌廉，软滑香甜，榴莲味浓郁，是老少皆爱又具有代表性的中西合璧美食甜品。

■ 榴莲班戟

材料：低筋面粉、高筋面粉、吉士粉、糯米粉、糖、水、榴莲肉、鲜忌廉。

烹饪方法：

1. 饼皮制作：将面粉、吉士粉、糯米粉、糖、水倒入碗内混合，均匀搅拌成面糊。平底锅中火预热后转小火，将面糊薄薄一层铺在不粘锅锅底，慢火煎至金黄色薄饼形状。

2. 班戟制作：将鲜忌廉打起放入雪柜冷藏半小时，将煎好的薄饼皮放凉摊开，加上适量忌廉和榴莲肉，两侧覆入卷起，用班戟皮将内馅包住，切件放碟上即可。

龙皇绉纱奶

以绉纱鱼卷的制作手法为灵感，改革顺德传统炒牛奶的呈现方式，以炒牛奶包住西式鹅肝、火腿丝、菊花瓣，背上加上榄仁、金箔加以装饰，加强视觉效果及菜品档次。净食或配酱皆可。

材料：水牛奶、虾、鹅肝、菊花、火腿。

烹饪方法：

1. 调配正常炒牛奶配方。

2. 鹅肝切段煎熟。

3. 火腿蒸熟并切成毛丝。

4. 虾煮熟，虾头炸熟。

5. 取一平底锅将牛奶倒入炒成绉纱状，出锅备用。

6. 奶皮卷入馅料，拼装装盘即可。

■ 龙皇绉纱奶

柠檬鸡

菜品将柠檬的清香酸爽与鸡本身的汁水融合，为一道消暑开胃菜。

材料：鸡、柠檬、柠檬叶、蒜、姜、小米椒。

烹饪方法：

1. 整鸡浸熟，然后泡冰水。

2. 根据实际需求，斩件或起肉手撕。

■ 柠檬鸡

3. 柠檬取出柠檬肉，柠檬皮切丝，加入盐、糖、陈醋、花生油、芝麻油等调料与鸡肉混合，稍放几分钟入味即可。

泰汁焗罗氏虾配黑椒和牛粒

泰式咖喱焗罗氏虾的浓郁香甜，再配上黑椒和牛粒的醇厚芳香，令人欲罢不能。

材料：罗氏虾、牛肉。

烹饪方法：

1. 罗氏虾剪须开背去虾线，用热油炸过后捞出控油，用泰式咖喱酱加椰汁调味焗好。

2. 牛肉切方粒，用盐和黑椒碎轻作腌制，四面煎至七成熟。

3. 摆碟装盘，配时令水果或蔬菜皆可。

■ 泰汁焗罗氏虾配黑椒和牛粒

■ 传统咕噜肉

传统咕噜肉

烹饪方法：土猪肥肉切成1.5厘米×1.5厘米的长块，加盐、淀粉、油腌制30分钟。将菠萝切成肉块相似大小，青、红椒分别切块。将腌好的肉加进打匀的鸡蛋，拌匀。肉块在面粉里滚一圈，令其均匀粘面粉一层，放筛网中，抖掉多余面粉，过油，炸3～5分钟至八成熟，捞出，沥干。油备用。同时，将番茄酱、米醋、生抽、糖、清水调匀成料汁备用。水淀粉备用。热锅，倒入料汁，中火烧开至冒泡，倒入水淀粉，拌匀，熬至稍微粘稠。倒入肉块、菠萝、青椒、红椒，快速翻炒，令肉块均匀挂汁即可。

金　鱼

材料：

1. 黑色部分：菊花茶（用菊花泡茶）、黑凉粉。中火煮至稍微沸腾后放一旁备用。

2. 透明部分：白凉粉、水。中火煮至稍微沸腾后取约100克加入金粉搅拌均匀备用。

烹饪方法：

1. 透明部分倒部分进器皿冷却备用。

2. 金色凉粉放入模具鱼鳍位置。

3. 倒入黑凉粉冷却。

4. 待金鱼凝固后脱模，放进器皿摆盘。

5. 将剩下白凉粉倒入浸没金鱼，最后放入菊花装饰。

■ 金鱼

金丝大虾球

材料：大桂虾、土豆、沙拉酱、蛋挞盏。

烹饪方法：

1. 大桂虾去壳，开背飞水至熟透备用。

2. 土豆切丝，炸至金黄色备用。

3. 将虾球拌上沙拉酱，再拍上炸好的土豆丝，搓成球形放在蛋挞盏上，摆盘即可。

■ 金丝大虾球

龙腾四海

材料：龙虾、蒜蓉、鸡蛋、青豆、蟹籽、干辣椒。

烹饪方法：

1. 剥出龙虾肉，改刀成块，调上少许盐、糖，蒸约熟待用。

2. 鸡蛋打散后蒸熟，放在已蒸好的虾肉上，淋芡汁，放上蟹籽。

3. 龙虾爪剪成小段，用干辣椒爆炒，调入味料即可。

■ 龙腾四海

■ 斗门乾务花鱼塞海参

斗门乾务花鱼塞海参

主料：花鱼。

辅料：陈皮、虾米、香菜、香菇、红提子。

调料：酱油、黄油、冰糖、鸡精、味精、盐、油、生粉。

烹饪方法：

1. 花鱼取皮，鱼肉剁碎，调味搅拌起胶。

2. 放入冬菇碎、香菜碎、虾米碎搅拌，包入鱼皮。

3. 捏成海参的样子蒸熟。

4. 用豉油皇煨煮后拿出加入铜钱草、三色堇等装饰物摆盘。

黑松露虾饺

主料：鲜虾仁、鲜黑松露。

辅料：西芹粒、马蹄粒、澄面、生粉。

烹饪方法：

1. 将澄面烫熟，搓成面皮待用。

2. 鲜虾仁、黑松露分别切成粒，加入西芹粒、马蹄粒，调入少许生粉和味料，搅拌成馅料。

3. 将馅料包入面皮里，蒸熟即可。

■ 黑松露虾饺

■ 雷椒蒸笋壳

雷椒蒸笋壳

主料：新鲜笋壳鱼。

配料：三色彩椒、胜瓜。

味料：盐、糖、花生油、生粉、胡椒粉。

烹饪方法：

1. 三色彩椒分开做成雷椒，胜瓜切条下调味备用。

2. 鱼肉起片，鱼骨斩块，冲洗干净，加入味料，分开腌制。

3. 鱼头骨蒸至八成熟，用丝瓜垫底，将鱼片整齐摆好，蒸熟。

4. 三色雷椒分开依次放在鱼片上，最后淋上少许热油和蒸鱼豉油即可。

土猪肉蒸膏蟹

材料：膏蟹、黑毛土猪肉、陈年花雕酒。

烹饪方法：

1. 清洗膏蟹后，每只蟹切成4件，蟹钳切开两半备用。

2. 黑毛土猪肉切小粒加工成肉泥。

3. 做成肉泥，放在装盘中围成圆圈，将蟹放在肉泥圈上淋上酱汁。

4. 蒸8分钟即可。

■ 土猪肉蒸膏蟹

水乡炸三宝

材料：五花肉、南乳、蒜汁、韭菜、鲮鱼肉、猪肉、马蹄、五香粉、陈皮、葱。

烹饪方法：

1. 将五花肉切片，以南乳、蒜汁腌制片刻，调入味料后上脆浆炸至金黄色待用。

■ 水乡炸三宝

2. 将韭菜、鲮鱼肉、猪肉、马蹄粒拌匀后，加入五香粉和味料，将肉料摊平后卷成圆柱形，横切成小片后上脆浆，炸至金黄色成春花饼待用。

3. 鲮鱼肉加入陈皮、马蹄粒、葱白粒搅拌后，捏成小圆球后压扁，炸成金黄色。

4. 将以上食材摆盘即成。

龙腾四海（一鳝两味）

主料：白鳝。

配料1：芦笋丁、鲜百合、马蹄肉、银杏、红彩椒丁、黄彩椒丁、炸腰果。

配料2：薯条、红彩椒丝、黄彩椒丝。

调味料：五味、果汁、芥末油。

烹饪方法：

1. 先将起好肉的鳝骨调好味，下油锅，炸至金黄色硬身，捞起，上碟摆盘定型。

2. 将一半的鳝切成3厘米×4厘米的小块，调好

■ 龙腾四海（一鳝两味）

味，拉油至熟备用；再将所有配料飞水至仅熟，捞起，加入料头爆香起锅；再加入配菜调味料急火快炒，然后加入熟蟮小块，打芡；最后加入芥末油、撒上炸腰果上碟即可。

3. 将另一半白蟮切成10厘米长筷子粗条状，加入调味料，放入半只鸡蛋黄和生粉捞好味备用，起油锅。将薯条炸至金黄色后垫在碟底，再将蟮柳炸至金黄色至硬身，倒起油锅，加入果汁和红、黄彩椒丝勾芡，加入蟮柳放匀装盘即可。

<h3 style="text-align:center">鲍汁扒酿鲮鱼</h3>

主料：鲮鱼。

配料：瑶柱、虾米、柠檬叶、花生、火腿、蟹籽。

调料：盐、鸡粉、糖、生粉、芝麻油、花生油。

烹饪方法：

1. 把鲮鱼起整皮，鱼肉剁胶，调味。

2. 瑶柱提前浸泡好拆散，虾米切碎，火腿、柠檬叶切丝，和调好味的鱼肉拌均匀。

3. 鱼皮内抹生粉把鱼肉酿进去，放到油锅中炸至金黄捞出。把炸好的酿鲮鱼切成块，扒上鲍汁，在每一块上面放上柠檬叶丝和金箔点缀即可。

亮点：在传统酿鲮鱼的基础上，把材料换成了其他海味等干货，配合扒面的鲍汁，将鲜味提升到另一个高度；在重海味、重蛋白中加入了柠檬叶丝，增加了些许清香又起到降腻的作用；最后在鱼身表面点缀上金箔，提升整道菜的气质和档次。

■ 鲍汁扒酿鲮鱼

<h3 style="text-align:center">凤巢炸芋角</h3>

材料：芋头、淀粉、虾仁、花肉、冬菇、萝卜干、虾米、韭黄、盐、糖、五香粉、猪油。

烹饪方法：

1. 芋头刨皮，切片蒸熟压成泥，放入淀粉、猪油、盐、味、糖、少许五香粉，搓成团备用。

2. 将虾仁、花肉、冬菇、虾米、萝卜干切成粒，飞水，加入盐、糖炒香，勾芡；

3. 加入韭黄粒，将芋皮包入馅包成型，放入温度适当的油内，炸出蜂巢形状即可。

亮点：酥脆可口。

■凤巢炸芋角

■水牛奶手袋酥

水牛奶手袋酥

选取新鲜水牛奶，采用炒牛奶方式研出馅料。酥皮则运用反复折叠方式，制成女士们钟爱的手袋状，包裹馅料，新奇有趣。经高温油炸，外皮酥脆香松，内层软滑润滋，更带淡淡奶香。

材料：水牛奶、猪油、菜籽油、面粉、鸡蛋、红谷米、砂糖。

烹饪方法：

1. 水牛奶中加入白砂糖、鹰粟粉，做成水牛奶馅备用。

2. 将已备好的红色酥条切片开成长方形，再放上适量的水牛奶馅包成手袋形状。

3. 接口处黏上鸡蛋清、白芝麻，然后插上手袋耳。

4. 放入预热180摄氏度的电炸炉，炸3~5分钟即可。

凤城脆奶卷

主料：鲜牛奶、高筋小麦粉、白糖、玉米淀粉。

烹饪方法：

1. 高筋小麦粉加入白糖、清水和成面团，分剂子做白馒头，蒸热放凉后切成薄片备用。

■ 凤城脆奶卷

2. 鲜牛奶煮沸，放入白糖，慢慢分次倒入玉米淀粉开成的浆，推炒成粘糊浆后，倒入平底不锈钢盘晾凉之后，切成小长条，用馒头薄片搓成奶卷，放入油锅（油温160摄氏度）炸至两面金黄便成。

亮点：外酥、色泽金黄、香滑清甜。

香煎蔬菜鱼饼

材料：鲮鱼肉、马蹄、红萝卜、青瓜、干葱头。

烹饪方法：新鲜鲮鱼肉加入马蹄粒、红萝卜丝、青瓜粒、干葱头粒，搓成圆形，香煎至金黄色即可上碟。

云南松茸鲮鱼饼

材料：云南松茸、手打鲮鱼肉、陈皮、葱白粒。

烹饪方法：

1. 将松茸切丁后与陈皮丝、葱白粒和手打鲮鱼肉充分拌均匀，反复摔打成鱼胶并压成饼状。

2. 热锅冷油，煎至两面金黄后摆盘。

亮点：鲮鱼的鲜与松茸的香浑为一体，外表金黄、焦香，口感弹牙，齿颊留香。

■ 香煎蔬菜鱼饼

■ 云南松茸鲮鱼饼

黑醋焗肉青

材料：肉青、鸡蛋、生粉。

烹饪方法：洗净肉青，切成方正粗粒，抹蛋浆，拍生粉，炸至金黄色、香脆，用黑醋等味料调制。

■ 黑醋焗肉青

■ 龙王鲜奶盏

龙王鲜奶盏

材料：龙虾、蛋清。

烹饪方法：先把龙虾肉取出，腌制10分钟再加味料，蛋清过油。

红酒鹅肝

材料：鹅肝、淡奶油、牛奶、吉利丁片、意大利醋、草莓酱、红酒。

烹饪方法：

1. 将红酒、草莓酱、吉利丁片混合后加热，形成红酒酱待用。

2. 将鹅肝放入搅拌机加淡奶油搅拌待用。

3. 牛奶隔水融化吉利丁后，加入鹅肝继续搅拌均匀备用。

4. 将打好的鹅肝过滤放入裱花袋，挤入方形模具里，并留小孔，在小孔内挤入少量红酒酱后，在表面挤上鹅肝，将制作好的鹅肝放入冰箱冷冻待用。

5. 将冰冻好的鹅肝块从冰箱取出，再把鹅肝块完全浸到红酒酱里后取出即成。

■ 红酒鹅肝

海皇松露葵花鸡

材料：葵花鸡、黑松露、海蜇、大响螺片、北极贝、炸干葱。

烹饪方法：

1. 将养足150天的葵花鸡用85摄氏度的姜葱水浸熟，撕成大小均匀的鸡丝，鸡皮切2厘米×2厘米的方块备用。

2. 新鲜海螺去壳洗净后片成0.1厘米的薄片，北极贝洗净切0.5厘米的丝、海蜇切2厘米的丝，用90摄氏度热水浸泡5秒钟捞出，过冰水备用。

3. 把全部材料吸干水分，用盐焗鸡粉、花生油、白砂糖和黑松露酱拌均匀，摆盘即可。

亮点：甄选有"黑钻石"之称的法国黑松露与吃葵花籽生长的走地鸡，再配上深海爽脆大响螺片，烹饪成不失传统又时尚的新菜式。

■海皇松露葵花鸡

■盐焗鲍鱼

盐焗鲍鱼

材料：鲜鲍鱼、姜、蒜。

烹饪方法：将鲜鲍鱼融入秘制盐焗水，入味，过滑油，爆香料头，放入鲍鱼调味，摆上碟。

亮点：鲜味，香。

豉油皇陈年花雕乳鸽

材料：乳鸽、姜、洋葱、芫荽、花雕酒、生抽。

烹饪方法：起锅，下油，下姜、洋葱、芫荽，慢火爆香，熬出姜葱油，加花雕酒、生抽、水煮开，放入乳鸽，慢火浸20分钟，捞起砍件，取汤汁埋芡即可。

■ 龙虾炒水牛奶

龙虾炒水牛奶

材料：小青龙虾、顺德水牛奶、蛋清、鹰粟粉、葱段、榄仁、红蟹籽、黑松露。

烹饪方法：

1. 将蛋清与蛋黄分离后，加入水牛奶和鹰粟粉配兑，搅拌至无颗粒。

2. 落油起锅，加上葱段、龙虾仁爆香。

3. 注入配兑好的水牛奶。

4. 用顺德独有的软炒法，将液态的牛奶炒成固态状。（炒牛奶是否成功，关键在拿锅铲的手势，手握锅铲呈兰花指状，一圈圈沿锅边转动，这样能将液体状的牛奶在最短时间变成固态状，充分保持牛奶的香嫩软滑。）

5. 最后撒上榄仁、红蟹籽、黑松露粒。

盐焗海螺紫艳虾

主料：九节海虾、响螺。

辅料：粗海盐、八角、香叶、桂皮、紫苏、蒜米、鲜香草、油。

味料：

1. 虾味料：盐、鸡汁、鲍汁、麻油、咖喱、蜂蜜。

2. 螺味料：盐、冰糖、水。

烹饪方法：

1. 虾剪须在肚下划一刀至虾背，不要划破虾壳，用盐腌制虾身20分钟备用。

2. 响螺飞水洗净，用螺味料加八角、桂皮、香叶，烧开水后慢火熬30分钟后，加入响螺煮浸30分钟待用。

3. 将虾冲洗净，沥干水分，热镬落油，加热油温至200摄氏度落虾过油至七成熟，再用紫苏、蒜米、香叶起镬加入虾味料，放虾炒香即可上盘，放于盘周围。

4. 炒热粗海盐，将备用响螺用砂纸包好，放入盐中，盖上粗盐，慢火加热30分钟焗至飘香即可取出响螺，放在盘中央。

■ 盐焗海螺紫艳虾

■ 柠茅焗大虾

柠茅焗大虾

主料：桂虾。

配料：鸡蛋清、菠菜面、蒜蓉、柠檬、香茅片、紫苏叶碎、小酸柑、柠檬叶、泰椒。

味料：蚝油、生抽、柠檬汁、酸柑汁、鱼露、蜂蜜。

烹饪方法：

1. 新鲜大桂虾放入冰水共存的水盆中10分钟，使虾壳更容易剥下，剥掉虾身中间的壳，剪须、剪脚、去虾枪，留虾头和尾。用刀把虾背轻划开，便于入味，顺便去除虾线。

2. 用盐、鸡蛋清、生粉混合搅匀后，均匀地涂抹至虾全身备用。

3. 调汁：起锅烧热油，将香茅片放入，慢火炒香后放入蒜蓉、泰椒圈煸炒至香；加入蚝油、生抽、蜂蜜、鱼露、水，煮香、煮稠后加入柠檬汁、柠檬皮丝、酸柑汁、紫苏叶碎炒匀相拌，加入辣椒油；分开两份，其

■ 秋意菊花鱼

中一份封保鲜膜放入冰水中冰镇备用。

4. 烧油将虾放入嫩油泡熟，虾熟后加入一半热汁，在锅中炒焗至酱汁入味，捞出后拌上冰镇的柠茅汁，放在一盘上，加上盖子，以苹果木烟熏，使其附带灼烧果木的香味。

5. 底部垫上烤脆的菠菜面用以吸收多余汁水，放上大虾，以柠檬叶丝、柠檬皮丝进行点缀，装盘即成。

秋意菊花鱼

主料：草鱼肉、青椒、冬菇。

调料：盐、老抽、花生油、鸡蛋、果酱画。

烹饪方法：鱼肉起皮，鱼肉加盐打成鱼胶，擀成长方形，进行蒸制，蒸好后改刀切成菊花形，然后炸成金黄色，淋上汁水，一部分鱼胶加老抽放入模具制作成花生状，低温煮熟即可出锅摆盘。

燕液流心球

材料：糯米粉、燕窝椰浆、茶果子。

烹饪方法：将糯米粉等加入适量清水打成粉团，每份30克，粉团包入燕窝椰浆，染上茶果子，放入150～170摄氏度油中炸熟即可。

■ 燕液流心球

■ 百香排骨

百香排骨

材料：鲜排骨、姜片、蒜片、葱段、黄金百香果。

烹饪方法：

1. 先将新鲜排骨剁成粒状备用。准备黄金百香果，用片刀法将上面三分之一切掉，刀口修平，只留剩下三分之二部分，取出果肉捣碎。

2. 排骨用煎焗手法烹饪至熟，装进百香果壳内，再把捣碎的百香果肉均匀铺在排骨上，装盘即可。

灵魂酱煎焗鲍鱼

材料：鲜鲍鱼、盐、花生油、烧汁、味淋、青酒、生抽、蜂蜜、葱青、食用冰。

烹饪方法：

1. 鲍鱼原只蒸熟，过冷起肉，洗净待用。

2. 备酱汁（烧汁、味淋、青酒、生抽、蜂蜜）。

3. 鲍鱼肉煎两边金黄后放酱汁收干至包浆即可，用壳作摆盘，配上蘸酱品尝。

蘸酱做法：

鲍鱼胆和葱青煸香，加花生油、盐调味，用破壁机打成酱，用冰过冷成蘸酱。

■ 灵魂酱煎焗鲍鱼

酸姜牛乳饼

选用顺德当地特产牛乳，融入鲮鱼青、酸子姜。在均安鱼饼基础上增加牛乳香味，用酸子姜增加口感和风味。

材料：牛乳、鲮鱼青、酸子姜。

烹饪方法：

1. 鲮鱼肉刮出鱼青。

2. 用水溶化牛乳代替食盐，加入鱼青中捞至起胶，再放糖、生粉、花生油打至起胶备用。

3. 将酸子姜切丝，加入鱼胶中捞匀。

■ 酸姜牛乳饼

4. 挤成鱼饼状，放入油锅煎至金黄即可。

蒜香牛仔粒

材料：独蒜片、杏鲍菇、芦笋、彩椒、牛仔肉、黑椒汁、小塘菜、什菜汁、盐。

烹饪方法：

1. 牛仔肉改刀成四方粒，用什菜汁、盐腌制入味。

2. 杏鲍菇、彩椒、芦笋改刀切成大菱形，炸脆独蒜片，三棵小塘菜切开两半。

3. 炸香杏鲍菇，将牛仔粒煎至八成熟，起镬，下料，放炸好的杏鲍菇前，下黑椒汁于牛仔粒，再放其他料炒香起镬。

4. 小塘菜围边装饰，炒好牛仔粒装碟，放炸脆独蒜片即成。

金沙窝贴银龙鱼

材料：咸方包、去骨银龙鱼、蛋清、香菜、炸蒜、调味料。

■ 蒜香牛仔粒

■ 金沙窝贴银龙鱼

烹饪方法：咸方包12块，按面包规格宰好去骨的银龙鱼12件，将制好的银龙鱼肉用调味料腌制，将腌好的银龙鱼粘上已上蛋浆的面包块上，用中火炸至金黄色装盘，撒上香菜叶及炸蒜即可。

毛尖塔银鳕鱼

材料：太阳瓜、毛尖茶叶、银鳕鱼、燕麦、盐、砂糖、生抽、美极汁。

烹饪方法：上等毛尖用85摄氏度的热水浸泡2分种，取水浸泡银鳕鱼30分钟，放盐、糖、生抽、生粉拌均匀，用150摄氏度热油浸炸2分钟。用秘制美极汁翻炒均匀，装饰摆盘。

■ 毛尖塔银鳕鱼

酥皮水牛奶挞

材料：

1. 水皮：面粉、水、糖、牛油、蛋黄、酥油。

2. 油心：酥油、牛油、猪油、面粉。

3. 蛋水：蛋白、水牛奶、糖。

烹饪方法：

1. 打水皮，将所有材料混合搅拌至顺滑，大概用时60分钟。

2. 搓油心，所有材料混合，用盘装好，放入冷藏待用。

3. 开大酥皮，将水皮包裹油心，用酥锤开（以443叠法）叠好32层，放冰箱冷藏。

4. 开细酥皮，把叠好的大酥皮解冻，用酥锤推开，均匀厚度约0.5厘米，用模具压出蛋挞皮。

■ 酥皮水牛奶挞

5. 做盏，将开好的蛋挞皮放入专用铝盏，用人手顺时针做成型。

6. 开蛋水，将所有材料混合打至糖融化。

7. 烘成品，将蛋水倒入蛋挞盖，大概九分满，放入烘炉（面火调至220摄氏度、底火调至235摄氏度）烘培15分钟，出炉即可。

葱烤火焰银鳕鱼

主料：法国银鳕鱼。

辅料：面包、田园葱。

味料：美极汁、盐、鸡粉、糖、面豉酱、海鲜酱、生抽、老抽。

烹饪方法：

1. 将原条银鳕鱼切块，放入以上调味料，腌制2小时后取出。
2. 放入烤箱，底、面火为200摄氏度，烤8~10分钟至熟。
3. 转250摄氏度面火，烤至起焦金黄色。
4. 将烤脆的面包和烤香的香葱放在碟底，装盘即可。

口味：鲜、香、嫩、滑，鱼油甘香，入口化渣。

亮点：菜品结合火焰一起上餐桌，增加饮食热烈氛围。

■ 葱烤火焰银鳕鱼

■ 脆皮崩砂牛腩

脆皮崩砂牛腩

主料：崩砂牛腩。

辅料：姜、葱、辣椒干、香叶、八角、草果。

调料：料酒、盐、糖、鸡粉、脆炸粉。

烹饪方法：牛腩处理干净，飞水， 加入卤料扣炝，切件上脆浆，炸至金黄色，摆盘便成。

亮点：甘香酥脆 。

■ 灌汤雪衣上素

灌汤雪衣上素

材料：蘑菇、鸡蛋、鸡汤、蚝油、盐、味精、鸡汁。

烹饪方法：蘑菇焯水煨味，再用蚝油、盐、味精、鸡汁炒好打芡。煎蛋清备用，将蛋白皮包好，状若石榴，以清鸡汤淋上，即可。

芥末薄荷西江虾

顺德美食讲求不时不食、不鲜不食。西江盛产河虾，白灼清蒸可突出原味，椒盐却更令其惹味。顺德人推陈出新，加入薄荷与芥末，凸显风味的同时，令其不失本味。

■ 芥末薄荷西江虾

主料：大河虾。

辅料：薄荷、芥末、芥末油、美极汁、冰糖。

烹饪方法：

1. 甄选新鲜生猛西江河虾，经过180摄氏度油温猛炸2分钟，放薄荷叶出锅。

2. 喼汁（又称英国黑醋或伍斯特沙司，是一种起源于英国的调味料，味道酸甜微辣，色泽黑褐）、冰糖、美极、辣椒籽和二汤制作美极汁。

3. 牛油和蒜蓉慢火爆香，取适量美极汁与炸好的河虾爆炒，最后关火放芥末油与芥末翻炒均匀装盘即可。

沙律吉列鱼卷

材料：桂花鱼、虫草花、金针菇、红萝卜、西芹、面包糠、葱。

烹饪方法：桂花鱼起肉，切双飞待用。虫草花、金针菇、红萝卜条、西芹条焯水调味，加上葱白段卷入鱼片中，将卷有五丝的鱼卷裹上蛋浆，撒上面包糠，放入油锅炸至金黄色酥脆。将炸好的鱼卷摆放上碟，以沙律酱点缀造型。

■ 沙律吉列鱼卷

雪衣上素

材料：鸡蛋、鲜金菇、红萝卜、木耳、韭菜、假蟹黄、西兰花。

烹饪方法：鸡蛋清以锅煎成薄片待用，再将鲜金菇、红萝卜丝、木耳等素料以沸水焯过，倒起晾干后倒入锅中，调味炒匀以煎好的蛋皮包成石榴状，韭黄扎口，上放假蟹黄，再将其摆放整齐放入蒸柜蒸约3分钟，西兰花做心，再勾上百花芡即成。

■ 雪衣上素

■ 养生南瓜盅

养生南瓜盅

主料：小南瓜。

配料：竹笙、松茸、山药、番薯、杞子。

烹饪方法：

1. 南瓜盅洗净改好蒸熟待用。

2. 竹笙、松茸、山药、番薯等切粒蒸熟，杞子泡好待用。

3. 老鸡煲浓汤待用。

4. 浓鸡汤放竹笙、松茸、山药、番薯等材料，调味。

5. 调味后放入已加热的南瓜盅，杞子放上面，盖上南瓜盖，摆盘即可。

第四章

推广顺德佳肴
弘扬美食文化

　　顺德美食名扬远近，得益于政府的大力推动与厨师们的全力配合和民众的积极参与。多年来，佛山市顺德区厨师协会积极参与顺德区各种美食推介与交流活动，以精湛的厨艺与深厚的底蕴向世人展示顺德美食的丰富内涵与多样滋味。在传播顺德美食、梳理顺德形象、推广中华文化的同时，顺德名厨吸收到世界各地的美食精髓与经营理念，超越寻常，突破自我，友联天下，共进多赢，有力推动顺德美食文化发展。

第一节　参加大赛　提升水平

名厨登台献艺　夺得团队大奖

2014年10月18日，"南番顺·港澳台名厨精英会"在南海区九江镇儒林广场举行。来自顺德、南海、番禺、香港、澳门、台湾6地的厨艺界精英同台竞技。

佛山市顺德区厨师协会派出6位顺德名厨。在高手云集的竞技台上，顺德名厨有条不紊，分工协作，潜心制作。

最终，何有亮调制的汤羹"鲜夏·三花粗粮羹"、关永忠和罗志斌烹制的主菜"爽秋·玉叶黄金甲""香秋·龙王抱太子"、黄冠超制作的甜品"甜冬·果香双皮奶"获得至尊大奖；欧阳广业制作的头盘"清春·麒麟金柚皮"、何盛良制作的主食"暖冬·脆皮糯米球"获金奖。顺德队揽获"主教山"团队奖。

■顺德名厨集体亮相，参加精英大赛

举办私房菜大赛　选拔民间厨神

■ 根深方能叶茂，厨艺传承从娃娃抓起　　　■ 一家三口齐上阵

　　在顺德，人们多喜烹鱼煮菜、炒肉焗蟹，平时更相互商讨，切磋烹技。高手妙厨散布民间，美食风气遍布各处。

　　为挖掘乡间美食文化、呈现精妙厨艺，顺德区政府历年举办私房菜大赛，以比赛形式选拔"隐形"高手，打造民间厨神，受到广大烹饪爱好者的热烈追捧。每年参赛者络绎不绝。他们在紧张专业的大赛中锤炼技艺、积累经验，且勇夺殊荣，成为推动顺德美食文化与饮食产业发展的重要力量，催生出更繁盛的地方饮食文化。

世界粤菜厨皇大赛　各路精英角逐桂冠

　　2015年9月20日，佛山市顺德区厨师协会协办2015世界粤菜厨皇大赛。本次大赛是本届厨皇大赛的分赛区，来自顺德华桂园、哥顿酒店、福盈酒

■ 大赛现场　　　　　　　　　　　　　　　■ 参赛选手积极备战

店、顺德渔村等36位顺德大厨组成的12队餐饮精英代表同场竞技。经过角逐，哥顿酒店与逸豪王府夺得顺德分赛区金奖。他们晋级总决赛，代表顺德参加2015世界粤菜厨皇大赛总决赛。

顺德名厨"出征"亚洲名厨精英荟勇夺3金2银

2018年，5位顺德名厨出征第12届亚洲名厨精英荟，勇夺3金2银，更获一项最佳搭配奖。5位参赛选手根据大会参赛要求，精心研制菜式。七彩鳗鱼柳、蟹肉炒牛奶、石榴鸡等，全亮相竞技台，顺德名厨妙手巧烹，技压群雄。

■ 夺大奖，喜扬眉

■ 比赛现场，5位厨师精心运筹、
　紧密配合，展现出精湛的刀工与
　纯熟的厨艺，呈现出一道道精
　致菜品。他们对传统菜式的创新
　改良、食材的科学搭配与健康膳
　食的应用以及摆盘装饰的妙手巧
　得，令评审们眼前一亮

参加央视擂台赛　令人赞誉不绝

■ 2006年，顺德名厨参加央视擂台赛，其技高艺精令人眼前一亮

厨坛荟萃·顺德

第二节　参与各种活动　推广顺德美食

　　多年来，顺德名厨奔赴香港、澳门，远达世界各地，参加各种顺德美食推介活动。他们的精湛手艺、低调风格、多样创新，令佳肴香飘远近、名闻海外，有效推广顺德美食，将顺德文化通过美食传播得更深远、透彻，更令其成为东方文化的重要代表。

■ 2007年，顺德名厨献技香江

■ 顺德名厨王福坚（左图左一）、钟润超（左图右一）随团赴塞舌尔推广顺德美食

澳门慈善晚会　大厨精彩献艺

2014年8月31日，由顺德总商会、顺德区民政宗教和外事侨务局、澳门顺德总商会联合举办的"2014顺德美食同善夜·名厨演味慈善晚会"在澳门万豪轩酒家举行。

佛山市顺德区厨师协会前会长罗福南亲自带领常务副会长马澄根、冯永波，副会长何锦标、欧阳广业、钟润超，理事罗志坚，会员麦盛洪等10人与澳门名厨精心炮制12道顺德美食佳肴。

■ 顺澳名厨合作交流推广顺德和澳门美食

远赴各国　传播中华美食

■ 2010年，欧阳叶伟（左一）和林潮（右一）赴英国交流

近十年，顺德名厨常组团奔赴各国，将一身技艺展现在不同国家的美食平台上，更将顺德美食文化与当代精神通过一羹一调、一鱼一菜渗透到不同的美食空间中，令世界各地的宾客通过顺德美食认识中国文化，更领略到当代中国人的精神风貌。

■ 2010年，四位名厨罗福南（右二）、何锦标（左二）、麦盛洪（右一）、孔庆聪（左一），随团赴法国参加中国（法国）美食节

■ 顺德名厨罗福南在中国（法国）美食节上献艺

■ 2012年，两位名厨何锦标（左）、马澄根（右），随团赴马来西亚开展顺德美食之夜

■ 2012年6月1日，马来西亚UCSI大学顺峰烹饪学院在吉隆坡挂牌成立。这是中国在海外成立的第一个烹饪学院，被媒体誉为"烹饪界的孔子学院"

■ 顺德名厨作为唯一代表赴美教厨艺，社区居民感谢中国厨师带来的美味并与大师们合影

■ 在美国进行美食交流的教学现场

■ 2013年，四位名厨何锦标（左一）、何君勉（左二）、马澄根（右二）、苏永全（右一）赴澳大利亚悉尼献艺顺德美食节

■ 2013年，四位名厨赴澳大利亚悉尼献艺顺德美食节

■ 2013年，四位名厨赴澳大利亚悉尼献艺顺德美食节，马澄根师傅演示八宝酿鱼

■ 2010年，三位名厨林潮带（左）、马澄根（中）、何锦标（右）赴日本参与厨艺交流

■ 三位名厨在日本的厨艺交流现场

中外文化交流　名厨献艺职院

　　2014年，"中外名厨顺德创意美食秀"在顺德职业技术学院举行，顺德三位名厨马澄根、卢坤学、曾锐文与三位来自法国、西班牙和巴西的名厨进行现场竞技。根据规则，他们需根据指定食材和自选食材，各烹制两道顺德创意菜。中外名厨在此奉献出他们的精心佳肴，为顺德留下一段饮食文化佳话。

■ 中外名厨同台交流，推广顺德美食

■ 顺德三位名厨马澄根（右）、卢坤学（左）、曾锐文（中）赛前合影

参与澳大利亚"中澳厨师挑战赛"
荣获"昆士兰最受欢迎厨师"称号

2014年10月23日，顺德名厨连庚明、王福坚应邀随佛山人大代表团到澳大利亚昆士兰州进行访问。澳大利亚的昆士兰州是广东省的友好州省，其中昆士兰州的汤斯维尔市更是佛山市友好城市。为加强沟通交流和对外宣扬顺德饮食文化，两位顺德名厨连庚明、王福坚参与澳大利亚昆士兰州旅游及活动推广局举行的"中澳厨师挑战赛"，并获"昆士兰最受欢迎厨师"称号。

■ 连庚明（左四）、王福坚（左二）获"昆士兰最受欢迎厨师"称号

顺德三位大厨　澳洲同台献艺

2015年，世界顺德联谊总会成立二十周年、澳洲顺德商会成立两周年庆典晚宴在澳大利亚悉尼华埠隆重举行。

顺德区委常委、世界顺德联谊总会首席会长邓永强、顺德区政协副主席兼区民政宗教和外事侨务局局长黄燕霞等率团亲临到贺，并为"巴顿高嘉华顺德美食街"揭幕。佛山市顺德区厨师协会常务副会长兼秘书长连庚明、副会长王福坚、会员曾锐文三位顺德名厨应邀随团宣扬顺德美食，为"巴顿高嘉华顺德文化美食节"献艺。

■ 顺德滋味令国外顺德老乡欣悦不已

拍摄《寻味顺德》　举办美食大节

（一）

2015年5月15日，世界美食之都——2015顺德美食节新闻发布会暨《寻味顺德》纪录片开机仪式在华桂园举行。

《寻味顺德》从味道出发，通过人物故事展开顺德历史叙述、展现顺德美食文化、呈现城市发展，折射这方水土民众的人生观与价值观，让人们通过美食认识顺德，通过顺德理解中华饮食文化。

■ 2015年举办顺德美食节新闻发布会与《寻味顺德》纪录片开开机仪式

本届美食节以"美食文化传承，促进城市品牌升级"为宗旨，以"发展、融合、创新、升值"作指导思想，以"粤味、粤韵、粤秀"为主线，突出顺德美食产业的提升、顺德美食文化培育展示及"世界美食之都"品牌的打造。同时，以比赛、巡展、峰会等旅游美食文化活动为主要表现形式，着重凸显美食文化的承传与创新，实现产业延伸与融合，致力推动美食、文化、旅游、城市品牌宣传。

美食节由20多项活动构成，主题活动于2015年国庆节期间在大良德胜广场举行。

（二）

顺德美食节是珠三角档次高、规模大、影响广的品牌餐饮美食旅游盛会。作为世界美食之都、中国厨师之乡，顺德一年一度的全民食尚活动不断吸引众多食客前来品尝顺德美食。

此盛会设置大量面向社会公众的活动，如第十届顺德私房菜大赛、世界美食之都镇街荣耀巡展、逢简水乡美食分会场、世界美食之都高峰论坛、品味顺德摄影大赛、顺德美食示范店遴选评定活动、"全民最爱十大顺德菜"评选活动、顺德传统特色宴饮文化巡展、顺德小厨星大赛等。

佛山市顺德区厨师协会全体会员积极参与其中，致力推广顺德美食文化。佛山市顺德区厨师协会前会长罗福南表示：佛山市顺德区厨师协会将充分利用自身优势和名厨学堂这一平台开展一系列的活动，立足顺德特色，制订烹饪技能推广传承方案，开展烹饪技能培训等进行社会推广和传承。同时，促进名厨交流，定期举办厨师交流活动和竞赛，提升厨师技艺，适时举办全区性厨师、管理人员技能培训，提升餐饮行业服务水平。

地道顺德美食　吸引贵阳宾客

2015年，南番顺旅游联盟在贵阳举办"感受南番顺——最地道的广府文化之旅"南番顺旅游（贵阳）推介会。推介会中，贵阳当地160多名企业代表到场参与。顺德名厨与南海、番禺大厨现场制作特色美食、地道广府美食，令贵阳宾客耳目一新，更从美食中了解到广东有个美食之都——顺德。

■ 顺德美食香飘贵阳

远赴粤北韶关　交流两地美食

2015年8月5日，佛山市顺德区厨师协会组织会员前往韶关考察，并与韶关市餐旅烹饪协会进行联谊交流，就食材开发与烹饪技艺作深入探讨。

■ 考察韶关餐饮，探索远方食材

■ 交流两地美食文化

举办厨艺培训　增添家庭温情

由"世界美食之都"——2015顺德美食节组委会主办、佛山市顺德区厨师协会承办的"我跟名厨学做菜"系列活动，在顺德名厨学堂开展。

活动吸引近300位来自不同领域的学员，他们都希望能向顺德名厨学习，提升厨艺，分享美味。不少家庭厨艺班成员来自深圳、广州等地。

其间，还举办厨艺亲子秀活动。来自顺德区内外的家庭组合成亲子团，到顺德名厨学堂学习厨艺：妈妈切菜，爸爸炒菜，儿子调味，充满温情。

■ 大厨罗福南、连庚明亲自传授技艺

■ 全家一起参与，增添家庭温情

举办装饰设计大赛　提升顺德美食艺术

2014年12月，联合国教科文组织授予顺德"世界美食之都"称号。从此，顺德菜正式走向世界。

为提升顺德菜的价值，"世界美食之都"——2015顺德美食节组委会联合佛山市顺德区厨师协会举行"顺德菜品艺术装饰设计大赛"，通过先培训、后比赛的形式，有效提升顺德厨师对菜品的装饰技巧。

近40名选手携精美菜式参加角逐，活动吸引近200多名协会成员与美食爱好者到场观摩。

■ 积极参加顺德菜品艺术装饰设计大赛培训，丰富餐饮文化内涵

■ 精致的外形与诱人的滋味令顺德菜更上一层楼

顺德美食滋味　香飘法国马赛

2015年11月10日，在中国驻马赛总领事馆陶俊领事带领下，顺德代表团与马赛旅游局进行交流。顺德区政府领导担当起顺德文化"大使"角色，向对方推介顺德的六个"吸引"：一可品尝世界最好的美食之一——正宗粤菜；二可穿世界最好的布料之一——香云纱；三可戴最美的首饰，这里有华人最大的首饰品牌周大福、周生生的研发生产基地；四可听中国最优秀的戏曲之一，这里是粤剧发源地，艺术最原汁原味；五可赏最传统的岭南水乡风光；六可购美丽家园各种产品，这里是中国家电、家具、花卉、涂料的最大生产基地。同时，他们希望利用国内的优秀文化，推动国外中餐文化和品质的不断提升。

随代表团出访的连庚明、林潮带、孙永康等三位顺德名厨就地取材，烹制顺德拆鱼羹、大良炒牛奶、风生水起——烧汁捞起牛柳、凤巢炒三丝、美点双耀映等11道顺德名点、名菜。

■随行出访的顺德名厨林潮带（左）、连庚明（中）、孙永康（右）

深入四川成都　交流蜀粤美食

顺德名厨为对外宣扬顺德美食，应邀参加蜀都美食文化交流活动，并与当地大厨展开厨艺大比拼，为四川人民奉上极具顺德特色的"太公嬉鱼"和"炸牛奶"，令在场宾客欣赏到地道顺德美食。

■ 顺德美食火爆蜀都

顺德新兴两地名厨　同台交流互动

为进一步推动顺德与新兴两地旅游美食资源交流合作，顺德名厨随代表团前往云浮市新兴县开展旅游资源考察和采风，并与当地大厨进行美食交流活动。

美食交流活动环节上，两位顺德名厨利用新兴县当地的食材配搭顺德的烹调技法，分别演示虫草花水晶鸡、特色无骨鲫鱼两道菜式，与新兴大厨进行交流互动，推广顺德美食。

■ 顺德美食吸引新兴宾客

顺德传统菜　名扬旧金山

　　2014年3月，"旧金山—顺德美食之夜"活动在美国旧金山（三藩市）举行，这是顺德名厨首次献艺旧金山。顺德派出名厨何锦标、马澄根、何建烽为全场宾客精心主理凤城八宝酿鱼、脆皮扣肉拼均安蒸猪、金榜牛奶炒龙虾球、雪衣上素扒鱼腐等多道顺德传统美食。顺德佳肴引得嘉宾大为赞赏。这进一步提高顺德美食在美国旧金山的知名度，充实顺德与美国旧金山两地友好交往内涵。

■ 顺德美食在旧金山深受欢迎

顺德名厨　惠州献艺

　　2014年10月，顺德名厨应邀参加顺德美食推广之"粤味风华走进惠州"活动，更联合当地大厨运用惠州当地的食材现场炮制美食。顺德名厨烹制的美食，征服在场宾客。

■ 顺德名厨现场讲解

六座城市互动　交流推广美食

　　为促进广州、深圳、中山、东莞、南海、禅城六地厨师的沟通交流，推动顺德旅游产业发展，2014年，顺德区文广旅体局在华桂园举行顺德旅游美食推介会，向考察团介绍顺德传统景点、地道美食和目前顺德区产业融合的新景区、民俗文化游线路等旅游资源。

　　佛山市顺德区厨师协会副会长马澄根、钟润超应邀在现场烹饪特色煎焗鱼嘴和传统凤城炒牛奶。在场的各地旅游业界人士热烈围观，向两位名厨请教烹饪技巧，令顺德美食得到传扬。

■ 飘香的现场，热烈的宾客

顺德名厨参与"闻香识顺德"系列活动

　　顺德是粤菜重要发源地，是中国厨师之乡，更是联合国教科文组织授予的"世界美食之都"，美食已经成为顺德最耀眼的城市名片。2017年，以"闻香识顺德"为主题，以"全民最爱十大顺德菜"为主要推介菜式，在广州、江门、惠州、肇庆、佛山等城市，举办一连10场的顺德美食品鉴活动。此后，名厨们远赴江苏等地献艺。通过顺德美食现场推介、美食制作品尝品鉴、名厨表演等主要活动，顺德美食尽然展现顺德城市魅力，让"世界美食之都"的品牌影响力不断延续。

■ "闻香识顺德"活动现场，顺德名厨烹饪顺德砂锅生逼鱼嘴

■ "闻香识顺德"江苏站，顺德名厨王福坚现场演示凤城炒牛奶"升级版"——黑松露龙虾炒牛奶

■ "闻香识顺德"江苏站，顺德名厨林潮带展示绝技——蒙眼起水蛇片。顺德厨师的非凡技艺，充分诠释顺德作为中国厨师之乡的独特魅力

远赴西班牙展现顺德菜　深入乡村了解先进理念

2017年10月1日到2日，西班牙德尼亚举办首届国际美食节。此次活动西班牙顶级米其林大厨全部参加，为西班牙最高水平美食节。

顺德选派中国烹饪大师、顺德十大名厨之一的连庚明赴会。他为来自世界各地的观众表演创自顺德的软炒法。在传统菜式炒牛奶基础上，他选用当地特色食材——龙虾为大家呈上色香味俱全的龙虾炒牛奶。连庚明向观众详细介绍菜式技法、菜肴食材构成、菜肴味形特色，使观众得以现场领略到顺德美食特色、技艺特点。

除厨艺表演外，顺德代表团应邀与中国旅游局驻西班牙办公室主任和瓦伦西亚旅游局局长会谈，详细介绍顺德旅游美食产业发展情况，更参观当地政府和欧盟共建的烹饪学校，以及德尼亚周边农产品生产基地，深入了解当地农业发展现状与扶持农业可持续发展的成功举措，在推广顺德美食的同时，吸取国外饮食产业先进理念。

■ 地道的食材、神奇的转换、出人意料的味道，令现场观众惊叹不已

■ 西班牙同行向顺德大厨介绍当地农产品发展状况与农业扶持政策

顺德名厨参加土耳其国际美食节

为加强美食交流，促进美食之都城市合作，2018年9月20日到22日，土耳其加济安泰普举办首届国际美食节，并邀请加济安泰普友好城市、联合国教科文组织创意城市代表和优秀厨师参加活动。该次活动汇聚13个国家16个城市的优秀厨师，为加济安泰普首届国际美食节增色不少。结合活动要求，顺德选派中国烹饪大师、顺德名厨吴南驹参加活动，并展示顺德特色美食。

■ 吴南驹（前排右一）参加土耳其国际美食节

■ 现场展现厨艺

■ 美食飘香异乡

第二届法国中国美食节　顺德美食飘香名城巴黎

　　2019年，顺德六位名厨应邀出席在法国巴黎举办的第二届法国中国美食节，并带去顺德美食——出神入化的龙虾炒牛奶、清淡开胃的香麻云耳手撕鸡、甜蜜香浓的粤式蜜汁叉烧、鲜美滋补的野菌生拆鱼茸羹、怡人可口的点心竹炭小天鹅、甜美爽滑的杨枝甘露等。当地民众被顺德大厨们的深厚厨艺功底所折服。

■ 精妙技巧吸引法国宾客

　　法国中国美食节是巴黎中国文化中心于2018年推出的品牌文化项目，以其独特的文化交流活动为法国民众所喜爱。中心致力于将美食节打造成中法两国美食文化交流的高端平台，以美食为媒，促文明互鉴。

　　第二届法国中国美食节由巴黎中国文化中心、广东省文化和旅游厅、法国艾克斯莱班市政府、法国巴里耶集团共同主办，是巴黎中国文化中心精心策划的2019"中国旅游文化周"全球联动系列活动的重点项目。该届美食节在饮食文化推广的同时，着力推进行业间互学互鉴，致力于将美食

■ 龙虾炒牛奶

■ 香麻云耳手撕鸡

■ 粤式蜜汁叉烧

■ 白雪蒸鹅肝鱼卷

■ 红豆薄撑、竹炭小天鹅

■ 外国宾客与顺德名厨合影留念

■ 中法名厨合影

■ 各种形式推广顺德美食

■ 当地宾客细细品尝顺德佳肴

■ 中外宾客与顺德名厨合影

节打造成为中法两国美食文化交流的盛会、法国民众争相参与喜闻乐见的盛宴、中法两国民心相通凝聚友谊的盛景，同时，也为促进法国民众赴华旅游发挥积极作用。

迪拜世博会中国参展路演　顺德名厨积极参与

2020年1月17日，2020年迪拜世博会中国参展路演（江苏站）在扬州启动。顺德名厨应邀代表顺德参加本次活动，制作独具顺德风味的"顺德炸牛奶拼均安鱼饼"，供中外来宾品鉴，以美食为媒，展现顺德饮食文化的独特魅力。

■ 顺德名厨在2020年迪拜世博会中国
　参展路演（江苏站）

■ 顺德炒牛奶香飘2020年迪拜世博会
　中国参展路演（江苏站）

加强美食之都交流　弘扬中华饮食文化

　　为进一步加强与美食之都城市间的交流与合作，弘扬中华饮食文化，2020年10月16日，中国"美食之都"城市美食技艺交流展演活动在江苏淮安国际食品博览中心举行。顺德名厨应邀前往淮安参加活动，全方位展示顺德美食烹制技巧。

■ 马澄根现场制作佳肴金玉满堂

■ 马澄根现场制作顺德美食金玉满堂

■ 黄如珍（右）、周永泉（左）制作广式名点公仔饼

243

■ 黄如珍（右）、周永泉（左）制作广式名点公仔饼

■ 精致的公仔饼大受欢迎

澳门国际旅游博览会　顺德名厨亮相现场

2021年7月，第九届澳门国际旅游（产业）博览会（简称"旅博会"）在澳门举行，梁路明、张长荣两位顺德名厨应邀在以"感受澳门·荟宴时刻"为主题的创意城市"美食之都"厨艺节上，现场展示顺德美食制作技艺。

当日，来自成都、顺德、扬州和澳门四个创意城市"美食之都"的知名厨师，连续三天在旅博会展示厨艺，内容包括创作特色美食佳肴、示范精湛刀工及美食介绍，现场亦分别播放各创意城市"美食之都"和特色菜系等宣传片，让观众直接体验源远流长的美食文化与厨师的厨艺风采。

■ 顺德名厨梁路明（左二）、张长荣（右二）参加"美食之都"名厨展示活动

■ 顺德名厨梁路明（左）、张长荣（右）同台烹制顺德美食

第三节　举办多种形式竞赛　打造厨师中坚力量

　　为挖掘和培养顺德厨师队伍中坚力量，顺德区政府相关部门联合顺德区厨师协会，不定期开展"顺德名厨"与"顺德青年名厨"评选活动。评选的考核内容对名厨的自身素质要求也越来越高，从以往的以烹饪技能为主，到现在的技能与文化相结合，不断往深透与精尖挺进。

　　经过多次的比赛和多年的培训，越来越多的顺德厨师在技法梳理与表达锤炼上苦下功夫，力求突破，逐渐成长为符合当代顺德饮食市场需求的多层次人才，更为叙述与推广顺德饮食文化打下人才基础。

一

　　顺德名厨评选，不仅大大提升顺德厨师的荣誉感与自豪感，更让顺德烹饪技艺得到更好的传承与发展。在2018年举行的顺德名厨评选活动中，特意加入现场演说环节。

■ 2018年度顺德名厨评选活动中选手面对评委进行现场演说

现场演说分为现场作答和现场讲解两个部分，主要考核参评者的语言表达能力和对顺德美食文化的认知度，以此加强和提升顺德厨师对食材、烹制技法、饮食文化的深刻理解与自如表达力。厨师通过严谨而生动的表达，将美食以另一种形式呈现给宾客，既有助于厨师的理论提升，又可激发他们的语言表达才华，更可锤炼他们逐渐成为技法精、通文化、善宣传的多层次人才。

二

"顺德名厨"是顺德厨艺界的最高荣誉，目前在册的顺德名厨有130位、顺德青年名厨有25位。顺德名厨一直肩负着弘扬顺德饮食文化的职责，以及培育后辈的重任，让顺德厨师队伍涌现出一批既有活力又有技术的厨艺新力军。

2019年10月，在顺德举行了首届顺德青年名厨评选活动。本次评选活动分实操考核和现场演说两部分，近30位参赛选手现场制作一款指定作品和一款自选作品，并根据其所参评的作品进行现场讲解，再结合自身的从业经验，针对顺德美食文化、烹饪技艺等相关内容，讲述自己的观点与看法。最终10名选手脱颖而出，获评"首届顺德青年名厨"称号。

■ 首届顺德青年名厨评选实操现场

■ 首届顺德青年名厨评选活动选手作品——像形黑天鹅　　■ 首届顺德青年名厨评选活动选手作品——爆汁春花饼

三

　　2020年10月，为进一步促进顺德厨师界的内部交流与厨艺切磋，顺德区文化广电旅游体育局与顺德区厨师协会、广式点心师联谊会联合开展"2020年度顺德名厨暨顺德青年名厨评选"活动。在评选活动举行前，主办单位特别请来了文化学者、资深翻译、纪录片《寻味顺德》主要撰稿人李健明先生，顺德电视台原主持人、纪录片《寻味顺德》《鳗鱼的故事》制片人韩艳老师，为参评选手进行赛前培训，希望借此加深选手对顺德饮食文化的了解，并进一步提升选手的语言表达能力。

　　90多位选手经过层层的资格审核，最终40位选手获得参评资格。他们都是行业中的精英，不仅厨艺了得，而且对顺德饮食文化有所掌握。参评选手除了根据其所烹制的菜式进行讲解外，还要应对随机抽问。选手在活动组委会预设的10道有关顺德饮食文化题目中随机抽取1道，并就该题目进行现场作答。经过激烈的角逐， 10名顺德名厨、15名顺德青年名厨脱颖而出。

■ 文化学者、纪录片《寻味顺德》主要撰稿人李健明先生为选手进行培训

■ 选手根据其所烹制的菜式进行讲解

■ 顺德区厨师协会会长连庚明、广式点心师联谊会会长吴南驹为15名新晋顺德青年名厨颁发证书

■ 时任佛山市文化广电旅游体育局顺德综合执法支队支队长欧伟中为10名新晋顺德名厨颁发证书

后　记

由佛山市顺德区文化广电旅游体育局主办、佛山市顺德区厨师协会承办的《厨坛荟萃·顺德》终于出版发行。

这是顺德区第一本对顺德美食历史、名厨发展历程与当代贡献进行深度挖掘的文化读本，更是顺德区第一次对一批当代名厨作大规模面对面采访并笔录成文的文化举措，如今成书出版。这是政府与民众对顺德厨师们深远贡献的真诚致礼，让他们从后厨走向前台、从水台走向书籍，从此立传扬名。

在整个采访与资料收集过程中，大批名厨积极配合采访，更提供文献、图片、信息，令采访内容更丰满且生动，而佛山市顺德区文化广电旅游体育局大力支持，使此书出版，令顺德名厨与美食更名扬久远。

顺德区档案馆为采访提供场地与设备，令采访工作顺利完成，更留下珍贵采访录像，为日后查阅资料奠定基础。在此，特致谢忱。

本书编委会各位成员，从策划、筹备、组织、审读、修改整个过程中，一丝不苟、周密精细，对书稿内容精益求精，充分体现了对顺德名厨历史与饮食文化的历史担当。在此，深致谢意。

顺德饮食历史源远流长，顺德名厨繁星满天，此次采写我们虽歇尽全力，却深感百难得一，更认识到顺德饮食文化的博大精深。

因此，敬请各位领导、大厨、专家、市民阅读后，提出更多建议或意见，好让我们不断进步，为顺德饮食文化继续奉献绵薄力量。

编　者
2021年10月28日